家庭养花
从新手到高手

胡松华　编著

海峡出版发行集团 | 福建科学技术出版社
THE STRAITS PUBLISHING & DISTRIBUTING GROUP | FUJIAN SCIENCE & TECHNOLOGY PUBLISHING HOUSE

图书在版编目（CIP）数据

家庭养花　从新手到高手 / 胡松华编著 .—福州：福建科学技术出版社，2017.7（2023.4 重印）
ISBN 978-7-5335-5304-3

Ⅰ．①家… Ⅱ．①胡… Ⅲ．①花卉－观赏园艺 Ⅳ．① S68

中国版本图书馆 CIP 数据核字（2017）第 089721 号

书　　名	**家庭养花　从新手到高手**
编　　著	胡松华
出版发行	海峡出版发行集团 福建科学技术出版社
社　　址	福州市东水路 76 号（邮编 350001）
网　　址	www.fjstp.com
经　　销	福建新华发行（集团）有限责任公司
印　　刷	福州德安彩色印刷有限公司
开　　本	700 毫米 ×1000 毫米　1/16
印　　张	11
图　　文	176 码
版　　次	2017 年 7 月第 1 版
印　　次	2023 年 4 月第 8 次印刷
书　　号	ISBN 978-7-5335-5304-3
定　　价	29.80 元

前言

对于忙于工作的工薪族来说，栽花种草实为一种放松压力和有益身心的活动。然而，花卉在生长过程中总会出现这样那样的问题，或叶片枯黄，或不开花，等等。对此，许多爱好者无所适从，不知该采取什么处理方法。

本书就是为这群花卉爱好者而编写的，力图解决他们在养花过程中遇到的常见疑难问题，以实用、通俗、易懂为编写目的。全书内容分为两大部分，第一部分介绍花卉栽培与布置的通用知识，第二部分则按木本花卉、草本花卉、肉质花卉等三大类别，介绍常见花卉的栽培要诀。对栽培过程中出现的常见疑难问题，本书逐一予以解答，以帮助花卉爱好者提高实战能力。

值得说明的是，本书在介绍每一种花卉时，用“★”的数量来表示相关项目的高低或难易或多少等，其具体含义如下：

市场价位：★★★★★表示最高；
★★★★☆表示较高；
★★★☆☆表示中等；
★★☆☆☆表示较低；
★☆☆☆☆表示最低。

栽培难度：★★★★★表示最难；
★★★★☆表示较难；
★★★☆☆表示中等；
★★☆☆☆表示较易；
★☆☆☆☆表示最易。

光照指数：★★★★★表示充足阳光；
★★★★☆表示充足散射阳光；
★★★☆☆表示明亮光或半阴；
★★☆☆☆表示较阴；
★☆☆☆☆表示阴。

浇水指数：★★★★★表示勤浇；
★★★★☆表示较常浇；
★★★☆☆表示中等；
★★☆☆☆表示较少浇；
★☆☆☆☆表示少浇。

施肥指数：★★★★★表示勤施；
★★★★☆表示较常施；
★★★☆☆表示中等；
★★☆☆☆表示较少施；
★☆☆☆☆表示少施。

胡松华

目录

家庭养花有秘诀

阳台花园化

室内绿化装饰

庭院绿化

高手养花秘诀

木本花卉莳养秘诀

草本花卉莳养秘诀

肉质花卉莳养秘诀

家庭养花

有秘诀

阳台花园化

阳台花园化，除了可美化家居环境外，还可缓解盛夏的酷热，起到降温增湿的效果。此外，还可使人享受到田园的乐趣。

（一）阳台结构类型

常见阳台可分为以下 3 种类型。

1. 开放型阳台

这类阳台为普通家庭常见的类型，其特点是整个阳台与外界相通，外围有的有防盗网相隔，空气流通和透光情况均较佳。

2. 封闭型阳台

这类阳台通常外围用透光的窗户封闭，采光条件虽比不上开放型阳台，但透入

开放型阳台

封闭型阳台

的光线也适于栽种花卉。不足之处是空气流通较差，只能靠开窗或风扇吹拂来达到通风目的。

3. 温室型阳台

这类阳台通常用玻璃封闭，外观犹如一个玻璃温室，采光和保温效果良好，通风可通过风扇或抽风机来完成。其优点是温度和空气湿度可人工调节，不受外界环境不良因素的影响。

（二）阳台适养花卉

几乎所有花卉都适于阳台种植。阳光充足的阳台，可考虑选种三色堇、瓜叶菊、菊花、向日葵、矮牵牛、凤仙花、月季、一品红、扶桑、紫薇、沙漠玫瑰、炮仗花、使君子、金银花、紫藤、龙船花和绣球花等喜充足阳光的花卉。有其他建筑物遮挡的阳台，采光量一般较小，可考虑选种吊兰、君子兰、春兰、墨兰、建兰、大花蕙兰、石斛、口红花、金钱树、棕竹、散尾葵、滴水观音、波士顿蕨、一叶青、山茶花、发财树和常春藤等耐半阴的花卉。封闭型阳台和温室型阳台，其冬季保温性能良好，可考虑选种一些不耐寒的花卉品种，例如非洲紫罗兰、蝴蝶兰、象牙球、卡特兰、红掌、火鹤花、红星凤梨、珊瑚凤梨、万代兰、大王万年青、花叶万年青、西瓜皮椒草、猪笼草、变叶木、巴西铁树和孔雀竹芋等。

选对花卉是阳台养好花的前提

（三）阳台花卉管理要领

在阳台栽花种草，一般以盆栽居多，日常管理应按不同的季节来进行。春夏季是植物生长旺盛期，此时要加强水肥管理，给予充足的水分和养分，满足其快速生长的需要。浇水要视花卉需水特性及天气情况等而定：那些耗水量大的草本花卉，在阳光充足的日子宜每天早晚各浇1次水；而较为耐旱的肉质花卉，可考虑3~7天浇1次水；至于那些耗水量较小的耐半阴的花卉，通常1~2天浇1次就足够了。施肥视植株生长发育状态而定，通常在生长旺盛期10~15天施1次，休眠期或花期暂停施肥。

光照的强弱视季节和阳台的朝向而有别。盛夏午后阳光强烈，容易造成那些忌强阳光照射的花卉（如山茶花、大花蕙兰、君子兰、石斛、春兰和墨兰等）叶片被灼伤。对此，可把其移到阳台栏基内，利用栏基的遮挡，避开盛夏的烈日，确保植株不被灼伤。冬季温度下降，除了温室型和封闭型阳台无需搬动那些怕冷的花卉外，在开放型阳台放置的不耐寒花卉，如非洲紫罗兰、红掌、猪笼草、孔雀竹芋、白网纹草、洋紫苏、蝴蝶兰等，要移到有暖气和散射光充足的室内放置，直至春暖，气温上升到20℃时再移回阳台放置。

高手支招

问：阳台狭窄，可用哪些方法扩大绿化面积？

答：狭窄的阳台，可用攀援、吊垂、附壁等种植方法，以及花架等器具来扩大绿化美化面积。所谓攀援就是利用紫藤、鸡蛋果和铁线莲等攀援植物，让它们攀于防盗网上。这样不但可以遮挡盛夏的烈日阳光，还可以为那些阴生植物提供半阴的环境，有利于阴生植物的生长。吊垂是用一个合适的吊盆或吊篮种植植株自然下垂的花卉，如口红花、吊兰、吊竹梅等，将它们悬吊于空中，微风一吹，下垂的植株随风摇曳而生机盎然。附壁即将石斛、万代兰、文心兰、卡特兰、铁兰、绿萝等气生或附生花卉，固定于树蕨板或树皮上，挂于墙壁上种植，这样既绿化了墙壁，又不占用阳台地面，实为一举两得之策。花架摆设再简单不过了，只要加工制作一个多层的铁架，往阳台一角放置即可。本来只能放一层花卉，摆设花架后一下子增加了几层，即摆放盆花的数量增加了几倍，此法简单易行。

问：在阳台种植蔬菜是否合适？

答：通常种植蔬菜需要较大的场地，阳台的空间有限，如种植蔬菜只能考虑选那些需要较小空间即能生长壮大的种类，如盆栽香葱、盆栽白菜和盆栽胡萝卜等。盆栽蔬菜可混摆于盆栽花卉之间，只要摆放有序，相互不会遮挡就可以了。

问：盆花叶片发黄怎么办?

答：家养花卉经常出现叶片发黄现象，其原因多是水分过多、过少，或阳光过强、过弱，或肥料过多、过少。对于浇水过多导致的“水黄”，应将“水黄”植株置于通风阴凉处，让风吹干土壤。干旱导致的“旱黄”，叶梢或叶缘发枯，老叶自下而上枯黄脱落，但新叶生长比较正常；出现“旱黄”时浇足水即可。强烈阳光直射一些喜阴的花卉而引起的“灼黄”，花卉叶梢和叶缘干枯，叶片朝阳部分有黄斑；将“灼黄”植株移到较阴处，避开强烈阳光即可。“缺光黄”是由于盆花长时间置于荫蔽环境中，导致叶片得不到足够阳光，不能形成叶绿素，因而整株叶片变黄继而脱落；遇到这种情况，应把植株移到阳光充足处。“肥黄”是由于施肥过多或肥液过浓引起，表现为新叶顶尖出现干褐色、叶面无光泽，老叶片焦黄脱落；对此，应立即停止施肥，并用大量清水冲洗去土壤中的肥料。“缺肥黄”表现为嫩叶绿色变淡，呈黄色或淡绿色，而老叶也逐渐由绿色转黄色；对此，注意薄肥勤施即可。

问：哪些花卉会夏眠?

答：天竺葵、倒挂金钟、君子兰、荷包牡丹、仙客来等花卉，每当夏季温度超过30℃时会出现不同程度的夏季休眠现象，表现为生长停滞，叶片气孔关闭或半关闭，代谢水平低下。如果此时按平时一样淋水和施肥，往往事与愿违，植株生长不良，严重时还会被水或肥活活泡死或沤死。这一时期必须暂停施肥，浇水量也要减至仅维持土壤稍湿即可，并把植物移到通风良好和凉爽之处，忌雨淋和直晒。直至秋凉，气温下降到25℃时才逐步恢复正常的施肥和淋水。

问：越冬盆花春季出室时如何养护?

答：北方冬季冰天雪地，家庭盆花都要入室避寒，到了春季又须移出室外。如果移出时机不当，一经出室植株就会很快萎蔫，甚至落叶枯死。故北方栽培盆花比南方困难得多。

盆花在室内越冬，处于温暖无风的环境中，而春天户外天气仍不稳定，往往会乍暖还寒，冷风频袭。为了防止盆花“感冒着凉”，必须让它有个适应的过程，不要急于让它出室，出室前半个月先在室内白天打开窗户通风透气，夜间关窗防冷，保持室温9～15℃。经锻炼半个月后才可出室。

对于盆花的出室时间要做合适的安排。抗寒力较强的温带花卉可先出室，抗寒力弱的热带花卉则晚些出室。前者可安排在清明前后，后者安排在谷雨前后。

出室盆花的浇水量要由少到多，初出室时保持土壤湿润即可，以免根腐烂。

出室后不必急于施肥，要待出室后 20 天左右、天气晴朗温暖时才可酌施一些稀薄的氮肥和复合肥，最好施些草木灰来增强植株抗性。

问：爬墙的植物会破坏墙壁吗？

答：用于墙壁绿化的植物主要有爬墙虎和薜荔两种，也有少见的猫爪藤和五叶爬山虎等。爬墙虎和五叶爬山虎是以卷须的吸盘吸住墙壁向上攀爬，因此对墙壁无害。猫爪藤用卷须尖端钩住墙壁，故对墙体也无害。唯有害于墙壁的是那些用气根攀附的藤本植物，如薜荔、常春藤等，其气根会伸入墙隙，而且气根会随着藤茎的生长而长粗，从而把墙壁的裂口撑大，时间长了会使墙体受到严重危害，留下安全隐患。故作为墙壁绿化不宜应用薜荔和常春藤等以气根攀附生长的植物。

爬墙虎以卷须吸盘吸住墙壁

问：哪些盆栽花卉可供全年观赏？

答：盆栽花卉包括木本花卉、草本花卉、肉质花卉等。通常大多数盆栽花卉的观赏期在花期或果期，一旦花果凋萎就失去观赏价值。大多数盆栽花卉一年仅有10～30天的观赏期。但有一些盆栽花卉，如龟背竹、绿萝、万年青、垂叶榕、发财树、棕竹等观叶植物，如果栽培得当，可全年观赏。斑马爵床、花叶簕杜鹃、红桐草、非洲紫罗兰等，它们有花时可观花，无花时可赏叶，也可供全年观赏。此外，一些属于多肉类的盆栽花卉，如仙人球、仙人掌、生石花、芦荟、玉莲等，也可全年观赏，有些种类还会开出十分美丽的花朵。

问：哪些植株可在楼顶天台生长？

答：一些肉质花卉，如佛甲草、凹叶景天、仙人掌、松叶牡丹、玉吊钟、瓦松、匍匐水竹草、玉莲、虎尾兰、玉牛角等，可在楼顶天台上生长。它们可在有水时吸饱水分，无水的旱季依靠体内储存的水分而生存，无需特殊管理。它们耐强阳光。这些植物直接插入浅薄的泥土中即可生长，每年适当施肥和修剪一下枯黄枝叶就可以了。

问：哪些花香对人有益？

答：大多数的花香有益于人体。例如兰花香气会使人心旷神怡，有利于舒缓紧张的情绪而容易入睡。茉莉花香气具有刺激活化身体的作用，可增强人体免疫系统的防御能

力。橙花香气可消除疲劳，使人精力充沛。姜花香气会令人胃口大开，增强食欲，多闻有利于睡眠。薰衣草香气是治疗各类神经性疾患的良药，如失眠等，有舒缓紧张情绪的作用。白兰花香气可诱人入睡，对失眠者来说是不可多得的良药。米兰香气令人百吸不厌，有提神和消除疲劳的作用。

问：哪些花卉能杀灭病菌?

答：平常摆放的花卉能直接杀死病菌的较少，但是那些能散发出挥发油香气的花卉，如薰衣草、迷迭香、薄荷、香叶天竺葵、柠檬、香茅、百里香、九里香等具有显著的杀菌作用。据报道，紫薇、茉莉等花卉的提取物，5 分钟内就可以杀死白喉菌和痢疾菌等病原菌；石竹、铃兰、紫罗兰、玫瑰、桂花等提取物对结核杆菌、肺炎球菌、葡萄球菌的生长繁殖具有明显的抑制作用。

室内绿化装饰

由于室内光照、空气湿度、通风等条件均不如室外敞开的空间，故室内绿化装饰有别于阳台绿化装饰，多选用较耐阴品种。如果能合理地用植物装饰室内空间，使室内环境充满生气，让人仿佛置身于大自然之中，会令人心旷神怡，一扫紧张工作带来的疲惫。

（一）室内不同空间绿化装饰特点

室内不同空间，其绿化装饰特点不同。

1. 客厅

客厅是室内较为宽敞之地，透入的光线情况视所处位置和窗口多少而异，一般较适于摆设室内植物，是室内绿化装饰的重点场所。

客厅绿化装饰

2. 饭厅

饭厅空间一般较小，室内绿化装饰的空间有限，主要以摆设小盆栽植物为主，以不阻碍走动和用餐为摆设原则。

3. 卧室

如果能够利用明亮的卧室环境摆上合适的室内植物，可营造出一种温馨的环境，有助于人入眠和休息。

卧室绿化装饰

4. 厨房

厨房烟火气甚浓，温湿度较高。合理摆放一些室内盆栽植物，会使厨房生机盎然，提高人们入厨兴致。

5. 浴室

通常浴室和卫生间共处一室，绿化装饰空间有限。若能巧用室内植物合理摆设，别有一种趣味。

6. 书房

书房灯光较强，绿化装饰空间有限，摆设一两盆室内植物可平添雅趣。

（二）室内花卉品种选择

室内绿化装饰的原则：其一，因地制宜。较宽阔的空间可利用大中型盆栽植物（如棕榈科的植物散尾葵、棕竹）、立柱式盆栽植物（如绿萝柱、巴西铁柱和发财树柱桩等）来摆设；而较狭小的空间可利用小盆栽植物，如鸟巢蕨、孔雀竹芋、国兰、洋兰、观赏凤梨或小型肉质花卉来摆设；还可以考虑在空中悬挂吊盆植物，如吊竹梅、吊兰、口红花等。其二，按照室内环境的明暗程度来选择植物。最明亮的位置可摆设一些喜阳的盆栽植物，如菊花、四季秋海棠、洋紫苏、百日草、千日红、大花马齿苋、朱顶兰、四季米兰、安石榴、沙漠玫瑰、西洋杜鹃、扶桑、罗汉松、龙船花、南美苏铁、变叶木等；较明亮的位置可挑选一些耐阴的植物来摆设，如一叶青、袖珍椰子、白掌、红掌、君子兰、滴水观音、鹿角蕨、大王万年青、吊兰、散尾葵、金钱树、巴西铁树、绿萝、橡胶榕和富贵竹等。

（三）室内花卉管理要领

室内环境有别于室外环境，自然光照和空气流通条件均不如室外，因此室内植物的管理相比于室外植物较为繁琐。但是，只要了解植物的生长习性，合理选择摆设植物的种类，管理也就不难了。以下介绍室内花卉水肥管理方法。

1. 浇水的学问

室内盆栽花卉烂根死亡的原因往往是浇水过多，也就是说花卉是被水泡死的。正确的浇水方法是，视植物种类来决定浇水次数：一年生或多年生草本花卉需水较多，但放置于室内，其蒸腾的水分较少，通常1~2天浇1次水就足够了；那些阴生观叶植物和耐阴的木本花卉摆放于室内，需要较少的水分，通常3~5天浇1次水就可以了；至于肉质花卉，5~10天浇1次水就足够了，即使1个月不浇水也无大碍，相反，如果浇水过勤会把植物浇死。浇水时要遵守“不干不浇，一浇浇到盆底有水淌出为止”的原则。植株生长旺盛期和花期要多浇；冬季或夏季休眠期可少浇或不浇；气温高时较气温低时要多浇；叶片大的植物较叶片小的植物要多浇；喜阳光的植物较耐阴的植物要多浇。

2. 施肥的原则

不管室内植物或室外植物，植株生长需要消耗大量的养分，人工施肥必不可少，尤其是盆栽植物，施肥更要及时。通常，在生长旺盛期 10~15 天施稀薄液肥 1 次；也可以每隔 2~3 个月施固态复合肥 1 次。冬季和花期可免施肥，初春和秋末可减半施肥，直到温度上升到 25℃时恢复正常施肥。施肥应以薄肥勤施为原则。室内栽种植物可用“懒人施肥法”，方法是把要施的肥料按 1 ：10000（肥 ：水）的比例对水拌匀后作为浇水用水，让植株通过吸收水分而获得养分，以达到薄肥勤施的目的。此外，在植株的叶和茎上定期用稀释成 2000 倍的磷酸二氢钾或叶面宝等肥液喷施，可有效地弥补根系吸收肥料的不足，此法对以树蕨板或树皮附生的植物（如附生兰和附生蕨类植物）尤为适用。

磷酸二氢钾

问：有冷气的室内环境适宜种养哪些植物?

答：通常有冷气的室内空气流通不畅，较为干燥，在此环境条件下可挑选较为耐阴、耐旱和适应性较强的花卉，如蜘蛛抱蛋、金边虎尾兰、黄金葛、白蝴蝶、龟背竹、巴西铁树、富贵竹、棕竹、吊兰、鹅掌木、百合竹、橡胶榕、豆瓣绿、金钱树等。由于室内环境空气较为干燥，建议多采用水养的形式栽培室内植物，如在桌上放置1～2瓶水养的绿萝、富贵竹或白蝴蝶，其栽培用水蒸发的水汽及植株蒸腾作用散发的水汽可提高空气湿度。

问：哪些盆栽植物在室内较易种植?

答：耐阴和叶质较厚的品种在室内环境中较易种植，如吊兰、鹅掌木、万年青、巴西铁、绿萝、白蝴蝶、蔓绿绒、豆瓣绿、紫边碧玉、橡胶榕等。它们无需直射阳光照射，只要每周浇水1次即可，即使7～10天忘记浇水也无大碍，真可谓“懒人花卉”。

问：哪些花卉可吸收室内的臭氧?

答：室内的臭氧主要来自空调器、电脑等家用电器，即使其浓度不高，也会刺激人的肺部，引发咳嗽或刺激眼睛和鼻子等器官，造成人体不适。实验表明，垂叶榕、常春藤、白掌、国兰、虎尾兰、吊兰等以观叶为主的植物可以吸收室内的臭氧，从而减轻臭氧对人体的影响。通常把它们放在窗台上就可以了。

问：绿色植物是否会导致卧室二氧化碳过多?

答：多数植物在夜间只进行呼吸作用，即吸入氧气和呼出二氧化碳，从理论上来说，的确会导致二氧化碳增多，尤其是密闭的室内空间，如卧室、厨房和卫生间等。但只要放置的数量不多，如放置1～3盆，就不存在导致室内缺氧问题。其实，在睡觉时把卧室的窗或门打开，让新鲜空气进入，同时把二氧化碳带走，对人体和室内放置的植物都有好处。

问：卧室放什么花有助于睡眠?

答：通常，会放香的花有助于睡眠，例如米兰、春兰、茉莉、夜来香、白兰花、瑞香等香花植物。可以在不同的季节选择应时开花的盆花或切花，置于睡床上部的书柜上。但过浓的花香，如晚香玉、夜香花的花香，闻后会产生刺鼻的感觉，不但起不到催眠的作用，反而使人头昏脑涨。此外，一些叶片含芳香油的植物，如薰衣草、薄荷和迷迭香等，它们的干叶制成的香枕可散发阵阵芳香，不仅可起到催眠作用，还可令人精神放松，对神经性头痛、顽固失眠症等疾患还可起到治疗作用。

问：哪些植物适于室内水养?

答：主要是一些较耐阴和易于长出水生根的品种，如绿萝、白蝴蝶、富贵竹、球兰、心叶蔓绿绒、万年青、吊竹梅、朱蕉、龟背竹、巴西铁树、虎尾兰等。水养时切记及时补充瓶内的水分。带叶的茎不能浸于水中，以免叶片在水中腐烂而使水质恶变发臭。如果定期于每月在水中放置一些花宝或水培营养液，会对水养的植株生长有很大的帮助。

水养绿萝

问：哪些花卉可去除新居室的甲醛污染？

答：居室的装修材料含有很多有害物质，其中以甲醛为主要污染物，人大量吸入后会引起头痛和恶心等症状。研究表明，一些植物如巴西铁树、橡胶榕、白掌、虎尾兰、吊兰、散尾葵、波士顿蕨、常春藤等，可以有效地吸收甲醛。摆放多种植物效果更显著。

问：哪些花草可用于室内驱蚊？

答：在华南地区，用于驱蚊的花草主要是夜香树。它的花在夏季开花，夜间花朵散发出浓烈的香味，蚊子畏其花香，自然回避而飞走。市面上出售的所谓驱蚊草，实际上为香叶天竺葵。一些商家为了促销，在报纸上刊登广告，大肆宣传该植物是用遗传工程选育的，能分泌散发出驱蚊的芳香，实际上其驱蚊效果不明显。笔者曾放一盆于床头上，根本没有驱蚊效果。此外，还有人说薰衣草、迷迭香、百里香等芳香植物有驱蚊作用，其实效果欠佳。

香叶天竺葵

问：哪些观叶植物适宜北方栽种？

答：抗寒力较强的室内植物在北方室内可安全越冬，如一叶青、苏铁、棕竹、文竹、天冬、虎尾兰、广东万年青、铁线蕨、花叶球兰、蚌兰、吊竹梅、鹅掌木、八角金盘、花叶常春藤、虎耳草等。注意冬季不能放于室外，否则会被冻死。

庭院绿化

庭院的光照、空气和土壤等条件均较适合植物生长，可用花草树木作为装饰主体，与周边的亭台楼阁、草坪、假山和水体共同构成一幅美丽的风景画。

（一）庭院类型

按庭院的造园方式，庭院通常可以划分为：以亭台楼阁或假山堆石与植物巧妙配置的中式庭院；以草坪、雕塑、喷泉等配以花草树木的西式庭院。此外，还有融中式、西式庭院风格于一体的混合式庭院。

混合式庭院

（二）庭院植物品种选择

适用于庭院的植物品种较多，可根据自己的喜好，因地制宜地挑选适于在本地气候条件下生长的植物。点缀的乔木可挑选玉兰、白兰、荷花玉兰、南洋杉、罗汉松、鸡蛋花等；灌木可挑选山茶花、紫薇、桂花、扶桑、含笑、变叶木、朱蕉、杜鹃、南天竹、安石榴和木槿等；草本植物可挑选洋紫苏、石竹、国兰、一叶青、长春花、石蒜、长寿花、鸡冠花和夏堇等；草坪草可挑选台湾草、麦冬、玉龙草、早熟禾、狗牙根等。

用于假山配置，可选用龟背竹、绿萝、令箭荷花、文心兰、石斛、吊兰、万代兰、铁兰和鸟巢蕨等；水体绿化则可挑选鸢尾、睡莲、荷花、伞草等；棚架绿化可考虑用葡萄、金银花、紫藤和使君子等藤本植物；绿篱可用福建茶、山指甲、火棘、九里香等。

（三）庭院植物管理要领

要造就一个美不胜收的庭院，管理工作必不可少。草坪和绿篱的定期修剪，树木落叶和杂物的清扫，病虫害的防治……这些日常工作都要做好，才能让树木生长繁茂，绿篱外观规整，四时花开不断，常年绿草如茵。

草坪草的修剪次数和间隔时间长短因不同季节而异：4~8 月为草坪草生长旺盛期，约 30 天修剪 1 次；9~11 月草坪草生长速度较慢，约 40 天修剪 1 次；冬季草坪草生长几乎停滞，因此无需修剪。修剪后的草坪草高以 4~5 厘米为宜。

庭院绿篱修剪

绿篱，视其组成植物生长速度快慢来决定修剪间隔时间：在绿篱植物生长旺盛季节，约每月修剪 1 次；冬季和初春绿篱植物生长缓慢，可 2~3 个月修剪 1 次。

摆放于露天的盆花，无雨天可每天浇 1~2 次水；而栽种于地上的花木，无雨天或干旱季节宜 2~5 天浇水 1 次。

要使庭院的植物生长繁茂，施肥是必不可少的。通常，在植物生长期 3 个月撒施 1 次固态复合肥就足够了。冬季植物多处于休眠期，此时可不必施肥，直到春暖时再施。

庭院是植物病虫害的高发区，春夏秋季是频发季节。一旦发现病虫害发生的苗头，就要及时用稀释1000倍左右的对症农药喷洒，否则一旦大规模发生则难以收拾，要动用大量的人力物力才能解决问题。

问：有什么方法可减少绿篱修剪次数？

答：除少施氮肥和控制浇水外，也可以用一种叫“绿篱停”的化学剂喷到绿篱植物植株上，抑制植物的芽体和枝条生长，从而达到减少修剪次数的目的。应用“绿篱停”时要注意，刚栽种的绿篱植物不能喷，应在已栽植 3 个月、至少经过 3 次人工修剪的植株上使用，否则会使新栽的植株芽体和枝条生长受抑制而长不成绿篱。

问：园艺疗法有何作用?

答：园艺疗法是让患者从事园艺活动，如栽花种草等，而使身体康复的一种辅助疗法。患者全心全意地播种、浇水、管理，使植物发芽、生长和开花结果，从而产生自信和满足感，在不知不觉中使心理压力得到缓解，并增强抗病的免疫力，病情自然就会好转。园艺疗法最早可以追溯到古埃及，那时候人们让患者在花园中劳作或散步来恢复健康。这种疗法曾在欧美国家一度盛行，初期只局限应用于某些精神病患者，后来扩展应用于几乎每一种心理疾病和身体功能疾病，对心理压力过大、高血压、脑中风、智障及免疫力下降等疗效尤其显著。

问：什么叫做有机园艺?

答：所谓有机园艺是指利用自然物质再循环来维持土壤肥沃，用天然的方法来防治病虫害，即一切均在有机物的循环再利用中获得，不施用人工合成的无机化学肥料和农药的种植方法。有机园艺所产的水果和蔬菜口感比施用农药和化肥所产的好，对人体健康极有裨益。

高手养花秘诀

如果我们在了解植物生长习性后制定栽培管理方法，那么植物必定生长得更好，就会收到事半功倍的效果。

（一）从栽培土壤入手

适宜植物生长的优质土壤条件是：含有充足的植物所需的养分；透气性、排水性良好；有一定的硬实感，可有效地固着植株而使其不易倒伏。

常用的栽花效果较好的土壤有以下 4 种。

1. 花卉培养土

花卉培养土是一种按植物生长所需，用科学方法配制的优质土壤，具有良好的排水性、透气性，含植物生长所需的各种养分。通常用泥炭、蛭石、珍珠岩、陶粒、河沙按不同比例混配而成，并加入各种营养物质。常见的有通用花卉培养土、君子兰培养土、仙人球培养土、国兰培养土等。可以按所种花卉对土壤的要求挑选适宜的培养土。

通用花卉培养土

2. 腐叶土

腐叶土是由植物凋落的枯枝落叶经堆积腐化后形成的，有的是从山林里挖出的天然腐叶土，也有的是将枯枝落叶经人工堆积发酵制成的人工腐叶土。其排水性和透气性良好，而且含丰富的有机养分，十分适宜用来种植球根植物和草本花卉等。

腐叶土

3. 塘泥

塘泥是由沙、黏土和沉积于鱼塘底部的鱼类排泄物混合组成的，通常挖出晒干后粉碎成粒状。塘泥具有良好的团粒结构，保水和排水性良好，而且含丰富的有机物质，适用于种植较大型的木本花卉和草本花卉。其植物固着力强，为盆栽树木的首选泥土。

仙土

4. 仙土

仙土是一种取自四川省峨眉山高山上地表层下的土壤制成的粒状土。仙土含有植物生长所需的各种营养物质，而且泥粒不易松散，具有良好的保水、透气和排水性，不会因浇水而板结，尤适用于种植国兰和洋兰。用前用水泡浸，直至其吸饱水后才可用来栽种。

高手支招

问：花卉培养土有哪些主要的配方？

答：一般用来家庭栽花的培养土配方为：泥炭20%～30%加木糠20%～30%，并拌沙20%～30%、山泥15%～25%，混合而成。至于用来扦插的培养土可用泥炭50%～80%加珍珠岩10%～20%，拌入蛭石20%～30%，混合而成。在培养土配制过程中，还要有选择地拌入适量肥料，如干鸡粪、麸皮粉等有机肥，尿素、磷酸二氢钾、硫酸铵、过磷酸钙等化肥。有机肥料可按体积拌入1/5000，而固态的化肥要用水溶解并稀释1000倍以上后均匀喷洒于培养土中。

问：水晶花泥可用于种花吗？

答：所谓水晶花泥是指一种具有强大吸水能力的粒状化合物。它原本是无色透明的晶粒，经人工染色后呈各种颜色，用来栽花，有良好的装饰效果。水晶花泥无毒、无害，不会污染环境，可单独用来种花；也可以按体积掺入1/（5～10）的泥土或培养土，再加入100～150倍的水后使用。用水晶花泥种花，无需经常浇水，液肥直接施入花泥之中就可以了。栽花的效果基本上与培养土种植相同。

用水晶花泥种矮虎尾兰

问：中药渣、茶叶渣可用于种花吗？

答：中药渣、茶叶渣可以用于栽花。方法是在这些“渣”中，按体积掺入等量的原来栽过花的旧土，拌匀即可。这些“渣”已经过高温处理，既无菌也无臭味，所含的有机物很大一部分可变为可利用的养分，效果甚佳。

问：怎样判断盆花要不要换盆？

答：如植物发生盘根现象，即根从盆底钻出或从盆面鼓出，这就意味着原花盆已不胜负荷，需要换一个较大的盆。如浇水后水总是渗透不下去，排水状况不好，土壤板结，植株叶尖枯黄或枯焦、下部叶片枯萎，这时就须换盆。

此盆兰花该换盆了

问：怎样诱导水培花卉生根？

答：要把本来是土栽的花卉变为水培花卉，先要用水把附着于根部的泥土清洗干净，然后用稀释 10000 倍的吲哚丁酸或吲哚乙酸泡浸 20 分钟，最后放入水培容器中。注意水位不宜过高，只要根浸入水中即可。约 1 个月后白色的水生根长出时可适当加些水（以水位超过根系为准）。

问：土壤酸碱度有什么讲究？

答：土壤酸碱度，主要取决于土壤溶液中氢离子的浓度，以pH表示。土壤pH小于4.5时为极强酸性；pH4.5～5.5时为强酸性；pH5.6～6.5时为酸性；pH6.6～7.5时为中性；pH7.6～8.5时为碱性；pH8.6～9.5时为强碱性。绝大部分观赏花卉都喜欢酸性至微酸性土壤，也有一些花卉则适宜中性或微碱性土壤。常见的喜酸性花卉有杜鹃、山茶花、茶梅、红枫、白兰、米兰、栀子、珠兰、秋海棠、金花茶、樱花、五针松、罗汉松，以及绝大部分的观叶类植物；喜碱性的花卉则不多，有一定抗盐碱能力的花木有安石榴、榆叶梅、夹竹桃、海滨木槿、丁香等。

（二）选好花盆

适用于家庭种花的花盆种类繁多，但依其质地材料来分，无非有下列 4 类。

1. 塑料盆

塑料盆质轻、不易破损，而且形状和色彩多种多样，是当今养花常用的花盆。塑料是一种不透气的材料，保湿性强，因此塑料盆盆花浇水不宜过多，以免植物烂根。

2. 瓦盆

瓦盆又名素烧盆，由陶土烧制而成。盆壁有许多微孔，透气性和排水性均良好，十分有利于植物根系的生长。用瓦盆栽花，浇水量可相对多些。

3. 釉盆

釉盆是在瓦盆或陶盆外壁涂上一层釉烧制而成的，外观美丽，但价格较高。釉盆透气性较差，适于应用排水性和透气性良好的培养土。

4. 木花盆

木花盆是用质硬的木料制成的，外观古朴雅致，透气性和排水性良好，但易受水肥腐蚀。一般使用寿命为 3 年左右。

瓦盆

釉盆

木花盆

高手支招

问：金属花盆可否用来栽种花卉？

答：金属花盆外观十分美丽，但透气性较差。如果用来栽种花卉，花盆会受水的腐蚀而生锈变色，从而失去其花盆的装饰效果，故不宜用来种花。但可短期作为装饰的套盆，配上植株大小合适的花草，显得高贵大方。

金属花盆

（三）合理浇水

浇水是栽花种草一项重要的作业。浇水易学难精，但只要对所栽花卉品种的生长习性有所了解，浇水也就不难了。以下浇水经验值得借鉴。

1. 耐旱花卉要“宁干勿湿”

这类花卉如多肉花卉、苏铁和具假鳞茎贮水的国兰和洋兰，它们死亡的原因往往是浇水过多而被泡死。故正确的浇水应维持栽培基质处于润而不湿的状态，通常 1 周浇 1 次水即可。

2. 中生花卉要“间干间湿”

所谓中生花卉是指那些需水程度介于耐旱花卉和耗水花卉之间的花卉，如常见的室内花卉白

合理浇水才能养好花

掌、红掌、观赏凤梨、口红花、万年青、竹芋、巴西铁树等。栽培这类花卉，浇水应掌握“间干间湿”的原则，即等到栽培基质部分干了才浇水，3 天左右浇 1 次就足够了。

3. 耗水花卉要“宁湿勿干”

耗水花卉是指那些需要较多水分才能正常生长的花卉，如菊花、三色堇、瓜叶菊、向日葵、矮牵牛、凤仙花和金鱼草等大部分草花，以及绣球花、倒挂金钟等木本花卉。这类花卉一旦缺水，叶片就会失水下垂，故每天都要浇水。通常每天浇 1~2 次，确保栽培基质维持较高的湿度。

高手支招

问：为什么荷包花花期浇水不能从上往下浇？

答：荷包花花期如果浇水从上往下浇，容易使所浇的水留存于花朵的袋囊中，造成花朵发黑腐烂。正确的浇水方法是把水直接灌入泥土之中，避免水溅入花朵。

问：外出度假如何给盆花浇水？

答：可以用一个盛满水的桶置于要浇水的盆花之上，用一条湿毛巾一端置于桶里水中，另一端则放于盆面上，利用虹吸原理，使水通过毛巾注入花盆泥土中。至于一些耗水不多的盆花，浇足水后用一个大小适宜的袋子套入，扎紧袋口即可，保湿期可达10～15天。

问：如何防止草花“哑蕾”？

答：所谓“哑蕾”，是指花蕾不开花的现象。究其原因主要是浇水不足、花期动土伤根、气温过高或过低等。其处理方法应对症下药：处于开花状态的盆栽草花，一定要浇透水。如果植株由于缺水而枝叶下垂，应立即补浇，但此时花蕾已受伤害，“哑蕾”实属难免。花期内切忌动土。要避免极端温度的伤害，气温最好维持在10～25℃，以保证植株不受高温或低温的影响，保证花蕾正常开放。草花在现蕾前的花芽分化阶段要充分施肥，5～7天施一次氮、磷、钾均衡的稀释肥料，保证养分充足。

问：夏季休眠的花卉应怎样浇水？

答：天竺葵、倒挂金钟和仙客来等夏季休眠或半休眠的花卉，度夏时必须减少光照，加强通风，经常喷水，以达到降温和提高空气湿度的目的。此外，要注意减少浇水次数，以免盆土太湿而导致烂根；如摆放在露天处，不能让其淋雨。

（四）适时适量施肥

盆栽花卉最常缺乏的养分是氮、磷、钾。植株一旦缺氮，就会生长迟缓，叶色暗淡；相反，如果氮肥过多，就会引起枝叶过于繁茂和不易开花，即所谓只长叶而不开花。植株如果缺磷，开花的数量就会减少。如果缺钾，枝叶就会黄化，植物根系生长发育就会受到影响。施肥时要按照植物所处的生长发育期选用各种营养成分比例合适的肥料。在植株营养生长旺盛期，肥料应以氮肥为主（即所谓的“叶肥”）；花果形成发育期，应以磷肥为主（即所谓“花果肥”）。在施用氮磷肥的同时加入适量的钾肥，可使植株根深叶茂，因此钾肥又称为“根肥”。

肥料可分为有机肥和无机肥两大类。所谓有机肥泛指动物粪便、枯枝落叶堆肥、豆饼、花生麸、草木灰等农家肥料。用这些有机肥种植，也就是人们常说的有机种植。而无机肥即化肥，如尿素、硫酸铵、硝酸钾和磷酸二氢钾等，以及由各种微量元素构成的植物微肥，如硼肥、铁肥、铜肥和锰肥等。

植物微肥——硫酸亚铁

施肥方法大致可分施基肥、追肥两种。常用的基肥有鸡粪、草木灰、干牛粪等。也可用过磷酸钙与花卉培养土拌匀后做基肥。基肥可在植株上盆栽种前放入盆底土中，即做“底肥”。追肥的施用方式有根内追肥和根外追肥两种。普通的根内追肥只要把稀释的化肥或农家肥直接施于盆土中，也可以把固态的粒状复合肥撒于盆土表面。根外追肥即将稀释后的液肥喷施在叶片和茎上，从而达到施肥的目的。通常根内追肥 3~5 天才见效果，而根外追肥则在喷后 12~24 小时即可见效。不管根内追肥或根外追肥，肥料必须用水稀释 1000 倍以上，以免肥液过浓而烧伤植物的根或茎叶。

要做到合理施肥，必须做到以下两点。

1. 适时

春夏季是植物的生长期，此时施用追肥最合适。冬季气温下降，植物生长迟缓，此时可少施或不施。露地花卉在降雨时或中午高温时不施。如植株出现叶色泛黄失绿、叶质变薄、叶片早落、枝条细弱或开花结果不良等现象，说明缺肥，必须追施肥料。

适时，还有一个含义，就是植物生长进入不同发育期，所施用肥料的各种养分含量应有所不同。如处于营养生长期可施用氮含量高的肥料，如氮、磷（五氧化二磷）、钾（氧化钾）比例为2：1：1的复合肥。如果植株进入了花果期，应施用磷和钾含量高的肥料，如磷酸二氢钾、过磷酸钙等肥料。

2.适量

盆花在幼苗期需肥量较少，而随着幼苗的生长需肥量会不断加大，开花结果期需肥量达到高峰，此后又会回落到低点。因此，要按照植物不同生长发育阶段对养分的需求量而适量施肥。

高手支招

问：如何解救误施浓肥的盆花？

答：盆花对浓肥十分敏感，尤其是具有须根的花卉，一旦误施过浓的肥料，如果不立刻采取措施抢救，那么植株很快就会烂根而死亡。误施浓肥后，应尽快采取下述两种解救方法：一是水解法，及时用水冲洗，通常是直接将水灌入盆中，让水从底部流出，如此冲洗3～5次，以使浓肥被冲淡，从而达到拯救的目的。二是将受肥害的植株连盆土一并拔出，用清水浇淋，以便将浓肥冲淡，然后将其浸入水中10～15分钟，将残留于植株根部的浓肥冲淡。在操作时切勿把泥土浇烂或浸烂，否则植株的根部就会裸露出来；如万一出现这种情况，要把大部分枝叶剪除，然后用新植料将其植回花盆中，置于半阴通风处，直至新芽产生时再移到阳光充足处栽培。

问：变酸的淘米水可用于浇花吗？

答：淘米水中含有多种植物生长所需的营养物质，其中以磷居多。磷能促进花芽分化，利于开花和结果。所以，对于一些观花和观果的花卉，如果每周浇2～3次淘米水，有利于开花。淘米水变酸是淘米水经发酵所致，变酸的淘米水更适合喜酸性花卉，如米兰、杜鹃、茉莉、栀子、山茶花等。此外，浇变酸淘米水还有助于防治花卉缺铁性黄化病。顺便说说，未经发酵的淘米水用于浇花前最好经过沉淀或稀释，以避免长期使用引起土壤板结，影响花卉根部透气而不利于植株生长。

问：黄豆泡水可作为花卉的肥料吗？

答：黄豆泡水使用前，一定要让其在水中充分发酵，至少要密闭于容器中7天；然后加水稀释后，均匀淋施于盆土中。剩下的豆渣可埋于盆土中。

（五）病虫防与治并重

在家居环境中栽花种草，要杜绝病虫害的发生，必须做到以下 3 点。

1. 新购入的苗木无病虫害

在购买时就要细心察看植株，尤其是叶片，看看有无被虫啃咬留下的痕迹；若有，这些啃食叶片的有害动物可能匿藏在盆土的缝隙中，到晚上才出来啃食叶片，如蜗牛、蛞蝓，以及一些蛾蝶类的幼虫。看看叶背有无会移动的小红点；如有，一般来说是红蜘蛛，它们在植物的叶背以吸取汁液为生，使叶片变脆和变黄。如果是正在开花的植株，要在花朵基部和花瓣背面察看有无蚜虫。察看叶背和茎枝上有无介壳虫，介壳虫多以蜡壳保护，黏附于叶背、茎枝上吸取植物汁液。注意植株的叶片有无黑斑、枯萎；若有，可能有炭疽病、叶斑病和白粉病。总之，在购买苗木时要多一个心眼，一旦发现有病虫害存在，就不宜购入。

染病的花卉不宜购买

2. 及早防治病虫害

一旦发现病虫害发生的苗头，就要立刻予以处理。量少时可用手抓除或摘去患病枝叶，量多时喷洒对症农药予以根除。对于一些目前喷药也不能防除的病害，如病毒病，一经发现就要立即隔离或烧毁，以防蔓延而祸及全部花卉。

3. 选用低毒或无毒高效农药

家庭种花，应尽量选用那些对人低毒或无毒的高效农药，例如一些以除虫菊提取物制成的农药。有条件者可利用生物防治法，如利用蚜虫、粉虱的天敌瓢虫来清除蚜虫和粉虱，用金小蜂对付介壳虫等。一些日常用品也可用来当农药使用。

问：植物的浸出液能否防治花卉病虫害?

答：将切碎的洋葱鳞瓣浸入水中一昼夜，用此溶液喷洒植株，每5天喷2～3次，可防治红蜘蛛和蚜虫。此外，也可以用20～30克大蒜，捣烂后取汁，加入1升的水稀释，然后喷洒植株，可用于防治蚜虫、红蜘蛛；此法也可以用来防治根腐病和灰霉病。最常用的莫过于用烟叶的浸出液喷杀蓟马、蚜虫、红蜘蛛等吸汁或食叶的害虫，1～2天喷1次，一般喷2～4次可见效。

问：可否不用农药杀灭介壳虫?

答：介壳虫有一层保护蜡壳，只要让其蜡壳溶化，虫体就会死亡。可用洗衣粉一茶匙配水10千克喷洒于介壳虫上，1～2天后介壳虫就会变黑死亡。通常喷1～2次就可把介壳虫全部杀死。当然，在用扑杀磷、毒死蜱等农药防治介壳虫时，加一些洗衣粉效果更好。此外，也可以用烟叶浸水后的浸出液直接喷杀介壳虫，其辛辣的气味可使介壳虫中毒而死亡。

兰花叶片上的介壳虫

（六）采用简易繁殖法

自己动手繁殖所喜欢的花草树木，实为乐事，不仅节约了购花的开支，还可以将多余的苗赠给亲朋好友。

植物的繁殖方法可分为有性繁殖法和无性繁殖法两大类。有性繁殖法是指播种繁殖，而无性繁殖法则包括了播种繁殖以外所有用植物营养器官繁殖的方法。

1. 有性繁殖法

通常利用此法繁殖者多是一年生草本花卉，也有少量多年生草本花卉、球根花卉和木本花卉。草本花卉宜在春季或秋季播种，木本花卉除了冬季以外均可播种。一些不宜贮藏和需要随采随播的品种，如南洋杉和大王椰子等，必须用新鲜种子播种。在准备好播种育苗床后，通常大粒的种子点播，细小的种子撒播。不管是用点播或撒播，播后覆土厚度应不超过所播种子直径的2倍。播后应洒透水，否则会由于播床基质水分不足而不利于种子萌发。种子萌发以后要逐渐让它见阳光，并及时分开挤在一起的小苗，否则会影响小苗的生长。

播种繁殖

2. 无性繁殖法

无性繁殖法具有见效快、周期短等特点。常用的无性繁殖法包括分株、扦插、

嫁接、压条等。家庭养花常采用分株法来繁殖，每当盆栽或地栽的丛生草本花卉过密时，用分株的方法把一丛分为若干株，即达到繁殖的目的。扦插繁殖是否成功要视植物品种而定，通常茎叶肉质多汁者较茎叶木质者扦插后易成活。如球兰、非洲紫罗兰等肉质的叶片可直接插入沙床中繁殖，而茎叶木质的四季米兰或山茶花的扦插枝条则较难生根。但如果茎叶木质者插前用吲哚丁酸的稀释溶液（2000毫克/升）浸泡切口5秒钟，有助于插条生根，从而提高插条的成活率。嫁接繁殖常用于木本花卉和仙人球类的繁殖，只要把砧木和接穗的切口切平，并把形成层对接绑紧，一般日后可成活。压条繁殖相对简单，只要用利刀把茎皮刻伤，并把它埋入泥土，或在空中包裹泥土于刻伤处（即所谓空中压条），在适宜的环境条件下经2~3个月就会在刻伤处长出新根，此时将其剪断或切下另盆种植就可以了。

嫁接繁殖

压条繁殖

高手支招

问：草坪草种子如何播种？

答：通常在春暖或初秋时播种。选择一片平整好的土地，松土，除去原有的杂草，然后耙平，铺一层5厘米厚的细沙或碎土。用撒播的方法，在土面均匀地撒播草籽，每平方米可播25～35克。播后铺上一层薄土，均匀洒水即可。初期要维持土壤湿润，如无雨天，3～5天就要用细的喷洒器充分浇水一次，直至草籽发芽，生长连片，形成翠绿的草坪为止。

问：草花播种应注意哪些事项？

答：必须选用疏松透气的土壤，如市售的花卉培养土和草炭土等。如用盆播，土面应距盆边约1厘米，以防播后种子被水冲走。把种子均匀地撒于土面，然后在其上覆一层薄土，洒透水后放于阴处。1～2周后种子发芽，此时可将播种盆移到光照充足之处，让小苗多见阳光。3～4周后待小苗长出

3～4片叶片时即可移植。

问：为何有些花卉只开花而不结果？

答：3倍体植物会开花，但花后不结种子，例如大花矮牵牛、红花紫荆、水仙和西洋杜鹃等。此外，一些雌雄异株的品种，如观赏小南瓜，假如种的是雄株或雌株，由于不能实现异花授粉，就只开花而不结果。还有一些重瓣的品种，如重瓣大红花和碧桃等，由于其雌雄蕊已变异成花瓣，失去了用于繁殖的雄蕊或雌蕊，故只开花而不结果，或者结出无籽的空壳果。此外，桂花和米兰等花卉，如果气候条件或栽培环境条件不适宜，通常也只开花而不结果。

问：如何提高嫁接成活率？

答：嫁接用的砧木和接穗必须有亲缘关系。亲缘关系越密切，嫁接成功的概率就越大。嫁接时双方的形成层要对齐，不能偏离，否则难以成活。此外，在砧木尚未发新芽时嫁接成功率较高；如果接穗太老，则其较难成活，通常以一年生已木质化的枝条作为接穗，这样容易接活。

问：蕨类植物如何进行孢子繁殖？

答：可用纸袋从蕨类植物的叶背收集孢子，只要把已成熟的孢子抖入纸袋中即可。先将其放置在通风干燥处2周，待干燥后再将其均匀地撒入准备好的花卉培养土表面，盆面盖上玻璃板，以保湿和保温，并将盆放于阴凉之处。约1个月后盆土表面会出现绿色如青苔的原叶体，约2个月后长出有叶的小植株。待小植株长大，带3～4片叶时将其移植到一个大小适宜的盆中种植即可。

问：许多进口草花为何不结种子？

答：出于对品种专利的保护，许多从国外引入的草花品种，如福禄考、何氏凤仙、新几内亚凤仙、三色堇、矮牵牛、四季秋海棠等，在育种时就已应用辐射和多倍体杂交的方法，对这些品种进行基因改造，使它们保持3倍体的种性。因此，这些品种只会开花而不会结种子，只会产生无籽的果实，果实往往是一个空壳。

木本花卉

莳养秘诀

蔷薇科

月季

市场价位： ★★★☆☆

栽培难度： ★★★★☆

光照指数： ★★★★★

浇水指数： ★★★★☆

施肥指数： ★★★☆☆

高手秘诀

泥土要疏松、排水良好，需要充足阳光，如光照不足则只长茎叶而不开花。通风不良易滋生红蜘蛛，夏季酷暑对其生长不利。在15~25℃的生长适温下每隔半个月施1次稀释液肥，也可每个月施1次固态复合肥。

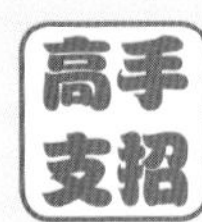

高手支招

问：怎样剪枝才会使月季花开得大些？

答：月季的整形修剪，是保持株型匀称、花朵硕大的关键措施之一。其技术比较复杂，往往同品种、季节、花龄都有密切关系。一般的剪枝方法是：当花开放后，就把这个花枝剪去，只在基部上留长20厘米左右的枝条。因为一个枝条的顶端只开一朵花。如果不加修剪，将来侧芽就会从枝条上部长出，形成新枝；这些新枝往往比较弱小，即使开花，花朵也较小。如果把枝条剪得低些，新梢从基部长出，那么新枝条健壮，花朵硕大，株型也更紧凑和匀称。通常家庭盆栽的月季，植株体型较小，为了集中养分，应适当剪去一些弱蕾。在修剪时，要求剪刀要锋利，剪口要倾斜。

问：名贵月季扦插难成活怎么办？

答：名贵月季多为引进品种，较普通月季适应性差，扦插后伤口较难形成能生根的愈伤组织，不易生根。扦插繁殖名贵月季时，可先用吲哚丁酸或生根粉处理插枝的切口，以刺激其切口产生愈伤组织，有利于其生根。

毛茛科

牡丹

市场价位：★★★★☆

栽培难度：★★★★★

光照指数：★★★★★

浇水指数：★★★★☆

施肥指数：★★★☆☆

高手秘诀

宜用沙壤土，以排水良好者为好。牡丹怕热，酷暑期应适当避开烈日。生长旺盛期应多施磷钾肥，通常每月施1次稀释液肥。浇水视盆土和天气情况而定。冬季植株落叶休眠，需要冰点以下的温度刺激其花芽分化（春化作用）才会开花。春暖后先开花后出叶。

问：牡丹种子应何时播种？

答：在原产地洛阳，牡丹种子一般在8月中下旬至9月上旬播种。播种可在花盆中穴播，每穴12粒，播后覆细土，浇透水，并在土表盖一层稻草，以维持盆土湿润。一般播后40天左右种子生根，翌年春分前后开始发芽。

问：华南地区牡丹开花后再种还会开花吗？

答：通常是不会再开了。因为该地区属于热带和亚热带地区，全年温度偏高，冬季无较长的低温期促使其植株花芽分化，故再种植只会长叶而不开花。

问：怎样让牡丹盆花在室内花开得久？

答：首先，要求室温要冷凉，温度以15～20℃为宜。温度越高，花期就越短；但温度过低，例如5～10℃，又会使未开的花蕾难以绽放。其次，光照充足的室内环境有利于植株生长，从而使花朵更耐开。总之，室内环境过热或过阴均会缩短牡丹的花期。

蔷薇科

梅花

市场价位： ★★★☆☆
栽培难度： ★★★★☆
光照指数： ★★★★★
浇水指数： ★★★★☆
施肥指数： ★★☆☆☆

高手秘诀

喜冷凉而忌酷热。栽培用土可用田土或粒状花泥。生长期内 3 个月施 1 次固态复合肥。1~2 天浇水 1 次，维持盆土湿润有利于其生长。冬季梅花进入落叶休眠期，此时可减少浇水和停止施肥，直至春暖花开时恢复正常管理。

问：盆栽梅花开花后应怎样管理？

答：应进行修剪，把一年生的枝条全部剪短，仅留 1 厘米长，留下老枝；换土，施足基肥，浇足水，并置于阳光充足之处；每月追施 1 次氮、磷、钾养分均衡的稀释液肥，以利于新枝叶生长。

问：美人梅是梅花的赏花品种吗？

答：美人梅是属于樱李梅类的人工杂交品种，它是由法国人安德烈于 20 世纪用红叶李作母本、宫粉梅作父本杂交育成，故其叶片呈红色，花大、重瓣、紫红色，比单纯的梅花更具吸引力。因此，严格地说，美人梅不能纳入传统的梅花品种之列，只能作为蔷薇科李与梅的人工杂交品种而自成一类。20 世纪末美人梅由美国引入我国，其抗寒和耐热性均较强，可在我国南北各地广泛栽植，其观赏效果比单纯观色叶的品种红叶李更佳，适合作为行道树和庭园树。

美人梅

山茶科

山茶花

市场价位：★★★☆☆
栽培难度：★★★★☆
光照指数：★★★★☆
浇水指数：★★★☆☆
施肥指数：★★☆☆☆

高手秘诀

喜半阴通风，有散射阳光照射的环境较好。泥土应挑偏酸性的粒状花泥。春夏生长期要浇足水，1~2 天浇 1 次。生长期内每月施肥 1 次，将固态复合肥撒于盆面即可。花芽在夏末秋初形成，此时不宜经常搬动，否则花蕾容易脱落。此外，还要注意不宜在直射阳光下暴晒，否则会灼伤叶片。

高手支招

问：山茶花嫁接难成活怎么办？

答：在嫁接时砧木和接穗形成层对准才会愈合。在干旱季节和风大的日子嫁接，砧木和接穗的接合面水分散失过快，会影响接合面愈合，从而使其难以成活。可尝试在早春季节温湿度适宜的日子进行山茶花嫁接。以健壮母株枝条作为接穗，以速生快长的油茶或单瓣山茶花作为砧木。嫁接后用胶布紧扎，好让砧木和接穗紧靠而有利于成活。

问：怎样防治山茶花煤烟病？

答：煤烟病是以蚜虫分泌物为媒介而产生的，先用吡虫啉稀释液喷洒，消灭蚜虫，然后再喷甲基硫菌灵等杀菌剂稀释液杀灭病原菌。

蜡梅科

蜡梅

市场价位：★★★☆☆
栽培难度：★★★★☆
光照指数：★★★★★
浇水指数：★★★☆☆
施肥指数：★★☆☆☆

高手秘诀

阳光充足和土壤肥沃有利于生长。在生长期内 2 天浇水 1 次，3 个月施 1 次固态复合肥即可。冬季休眠期暂停施肥和减少浇水，直至开花时恢复正常管理。

问：怎样提高蜡梅的开花率？

答：要提高蜡梅的开花率，应从生长季节到冬季落叶前施以适量的有机肥，特别是在早春开花后应施养分全面的花肥，以供给蜡梅花芽分化和开花所需要的养分。此外，在花芽分化期（也是新根生长旺盛期），应施 1 ~ 2 次磷钾肥；秋凉后须再施 1 次肥，以促使花芽充实。蜡梅冬季要控制浇水量，可每隔 3 ~ 5 天在中午浇 1 次水。落叶后应再次减少浇水量，每隔 7 ~ 10 天浇 1 次水。蜡梅当年生枝条一般可以形成花芽，尤其在短枝上着花更多，因此在花后、叶子没有出现前应进行修剪，剪除上部的枝条，促使它萌发新枝；以后新枝每长 10 厘米就摘心 1 次，以促使其多生短壮花枝，多开花。

问：蜡梅为何会大量落花？

答：蜡梅耐旱怕涝，花期切勿浇水过量，否则会导致花朵大量脱落。因此，蜡梅花期浇水宜少勿多。

问：盆栽蜡梅应如何修剪？

答：蜡梅发枝力强，修剪宜在花朵凋落后进行。把一年生枝条剪短（留 2~3对芽），以促进分枝和日后多开花。此外，平时还要注意及时剪除徒长枝，以矮化植株。

虎耳草科

绣球花

（八仙花）

市场价位：★★★☆☆

栽培难度：★★★★☆

光照指数：★★★★★

浇水指数：★★★★★

施肥指数：★★★☆☆

高手秘诀

可用粒状花泥或通用花卉培养土栽培。生长旺盛期要浇足水，每天浇1~2次，并给予充足阳光。10天施肥1次，可用稀释液肥，或2个月施1次固态复合肥。阳光和水分充足有利于植株开花，环境过于荫蔽时叶片会变得阔大且不开花。

高手支招

问：绣球花的花色为何会变?

答：绣球花的花色随土壤的酸碱度而变化，土质呈碱性时花朵为红色，土质呈酸性时花朵呈蓝色。如果想把红色花变成蓝色花，平时要以稀释后的矾肥水灌入盆土中。

问：绣球花为何不开花?

答：绣球花是一种代谢强烈的植物，花芽分化需要充足的水分、养分。如果栽培环境过阴、盆小株大或营养不足，均会使花芽败育而不开花。因此，在生长旺盛期要给予植株充足的水分、养分和阳光。

问：绣球花修剪要注意什么事项?

答：修剪时切记不可过重，仅可剪除当年长出的枝条的1/3，以确保可长出花芽的枝段不被剪掉。

蔷薇科

贴梗海棠

市场价位：★★★☆☆
栽培难度：★★★★☆
光照指数：★★★★★
浇水指数：★★★☆☆
施肥指数：★★☆☆☆

高手秘诀

喜冷凉而怕酷热。栽培用黏质的花泥或通用花卉培养土。在生长期内2天浇水1次，每月施1次固态复合肥。阳光充足有利于开花；光照不足，枝条徒长且不会开花。枝条长而柔软，可蟠扎造型或将其修剪到适当高度。其开花以短枝为主，故春季萌发前须将长枝短截。

问：贴梗海棠有哪些常见品种?

答：有3个常见品种，分别是叶片有毛的木瓜贴梗海棠、枝条自然扭曲而呈游龙状的龙爪贴梗海棠，以及花朵及叶片较小的木桃贴梗海棠。

问：怎样用扦插法繁殖贴梗海棠?

答：在秋季落叶后取一年生粗壮枝条，按20厘米长一段剪断，斜插于沙床中，保持环境半阴、土壤湿润状态，1～2个月后插条会生根萌芽。当插条长出3片以上叶片时可上盆种植。

问：室内摆设的贴梗海棠为什么会大量落花?

答：主要原因是室内环境太暗，或温度太高，或浇水过多，从而导致烂根。因此，摆设的位置应该挑选靠近窗台的明亮处，室温不宜超过25℃，而且浇水要适量，维持盆土湿润即可，以3～5天浇1次水为宜。

安石榴科

安石榴

市场价位：★★☆☆☆

栽培难度：★★★★☆

光照指数：★★★★★

浇水指数：★★★☆☆

施肥指数：★★☆☆☆

高手秘诀

栽培用土宜选排水良好的沙壤土，也可用通用花卉培养土。生长期内 2~3 天浇水 1 次。每月施肥 1 次，可将稀释的液肥直接灌入土中，也可以 3 个月施 1 次固态复合肥。稍多施磷钾肥，以利于开花。

高手支招

问：安石榴夏天掉叶是否正常？

答：安石榴冬天会自然落叶，而夏季落叶是一种病态的表现，多与烂根有关。处理方法：把植株翻盆换土 1 次，逐一剪除烂根，重种后放于通风良好的半阴处，待长出新叶芽后再放到阳光充足的环境中。如栽培得法，通常 3 个月后会重新恢复枝繁叶茂的状态。

问：安石榴种植多年不开花怎么办？

答：安石榴是喜阳喜肥的植物，多年不开花的可能原因是光照不足或肥料不足。可把安石榴移到全日照的地方放置，每月除在土面放入一些粒状复合肥外，还要用磷酸二氢钾加尿素 1000 倍液喷洒叶片，以促使枝条充实健壮，并分化出花芽。如果肥料充足，植株贮藏的养分充足，花后还会结出硕果，观花后又可观果。

罗汉松科

罗汉松

市场价位：★★★★☆
栽培难度：★★★☆☆
光照指数：★★★★★
浇水指数：★★★★☆
施肥指数：★★☆☆☆

高手秘诀

小苗宜用保水性良好的通用花卉培养土栽植，大中植株宜用粒状塘泥或花泥栽种。2~3 天浇水 1 次，3 个月施肥 1 次，在盆面撒一些固态复合肥。适时修剪过长枝叶，以促使枝叶繁茂。罗汉松喜阳光，但小苗也耐半阴，可置于室内明亮处摆设。

高手支招

问：常见的罗汉松品种有多少个？

答：常见的罗汉松品种有叶片较小的变种雀舌罗汉松、叶片短矩形的珍珠罗汉松、叶片较短阔的兰屿罗汉松和叶片较长的长叶罗汉松等 4 个。

雀舌罗汉松

珍珠罗汉松

兰屿罗汉松

问：罗汉松大量叶片变黄脱落怎么办？

答：主要原因是浇水过多或盆中积水，把根泡烂。处理办法：把已落叶的枝条通通剪除，然后翻盆换土，移到光照较充足的地方放置。如果种植前盆底放置一层碎瓦，则有利于排水，可防止此类现象发生。

千屈菜科

紫薇

市场价位：★★☆☆☆

栽培难度：★★★☆☆

光照指数：★★★★★

浇水指数：★★★★★

施肥指数：★★☆☆☆

高手秘诀

盆栽用土宜用粒状塘泥或花泥。生长期内每天浇水 1 次，每月施肥 1 次，将稀释的液肥灌入土中。冬季是紫薇的落叶休眠期，此时要减少浇水和暂停施肥，直至春季休眠期结束、重新长出叶片为止。如果开花后修剪植株，可促使植株矮化、枝叶繁茂。

高手支招

问：怎样才能使紫薇多开花?

答：要给予全日照，多施磷钾肥，如磷酸二氢钾等。冬季寒冷的低温刺激和适当干旱有利于来年开花。

问：为何紫薇大量落花和落蕾?

答：原因可能是浇水不足，导致盆土过干；也可能是一下子从阳光充足处搬入室内阴暗处放置，使植株一时难以适应。因此，紫薇在花期一定要浇透水，同时注意不要骤然由阳处搬到较暗处。

问：紫薇怎样移栽才容易成活?

答：选择在春季发芽前移栽较易成活。移栽前可适当剪掉那些过长的枝条，以利日后多发枝多开花。

木兰科

含笑

市场价位：★★★☆☆
栽培难度：★★★★☆
光照指数：★★★★★
浇水指数：★★★★☆
施肥指数：★★☆☆☆

高手秘诀

栽培用土宜用粒状塘泥或花泥。生长期内1~2天浇水1次，3个月施肥1次，在盆面撒一些固态复合肥。含笑喜阳，但在盛夏季节不可被阳光直射，否则叶片会被晒黄或灼伤。冬季气温要维持在5℃以上，有霜雪地区宜入室避寒。

高手支招

问：为什么含笑大量落叶？

答：主要原因是生长季节浇水不足，泥土过干；也可能是盆底透水孔堵塞，过多的水把根部泡烂；此外，冬季过于寒冷，温度在5℃以下也会导致落叶。解决办法：平时注意浇水和排水，保持土壤湿润；冬季严寒期要搬入室内避寒，以防被冻伤而落叶。

问：怎样才能使含笑多开花？

答：生长旺盛期多施含磷钾的肥料，并给予充足阳光，只要阳光不直射就不会灼伤叶片。水肥充足、光照合适，是含笑多开花的必备条件。

问：含笑植株应怎样修剪？

答：平时要注意及时修剪掉那些徒长枝、病弱枝和过密的重叠枝。但修剪不宜过度，否则会影响日后开花。此外，春季萌芽前要适当疏剪去一些老叶，以利新枝叶的生长。

小檗科

南天竹

市场价位：★★★☆☆

栽培难度：★★★☆☆

光照指数：★★★★☆

浇水指数：★★★★☆

施肥指数：★★☆☆☆

高手秘诀

栽培用土宜用排水良好的沙壤土，如粒状花泥、塘泥等。生长期内 1~2 天浇水 1 次，3 个月施 1 次固态复合肥，也可以 1 个月施 1 次稀释液肥。定期施一些钙素肥料，对植株生长有好处。定期修剪可矮化植株。南天竹喜阳，但盛夏不宜放置在直射阳光下，否则叶片会被晒焦。

问：南天竹叶片变红怎么回事？

答：南天竹叶片变红是一种正常现象。秋冬季节，受寒冷的影响，南天竹叶片就会由绿变红，这时南天竹的观赏性更强。

问：南天竹滋生介壳虫怎么办？

答：量少时可用牙刷将其刷除，量多时可用扑杀磷或毒死蜱稀释液加少量洗衣粉拌匀后喷杀，隔天喷 1 次，直到把介壳虫完全消灭为止。

南天竹叶片变红

五加科

八角金盘

市场价位：★★★☆☆
栽培难度：★★★☆☆
光照指数：★★★☆☆
浇水指数：★★★☆☆
施肥指数：★★☆☆☆

高手秘诀

宜用排水良好的沙质土种植，也可以用粒状花泥或塘泥种植。八角金盘耐寒怕热，盛夏季节当温度超过30℃时应减少浇水，避免盆土积水，否则容易导致烂根而死亡。平时浇水宜2天1次，施肥可用固态复合肥，3个月施1次。盛夏季节要避免阳光直射叶片，不然叶片会被灼伤。

高手支招

问：盆栽八角金盘叶片为何变黄脱落？

答：除了老叶正常黄化脱落外，主要原因是夏季没有减少浇水，根被泡烂。要避免这种情形的出现，最好的办法就是把八角金盘移到有冷气房间的明亮处，以避开夏季的暑热，到秋凉时再搬出。

问：如何对八角金盘进行修剪？

答：可在春秋季节进行一次修剪，把过高过密枝条的长度剪去一半。此举除可矮化植株外，还有促使植株日后多分枝的功用。

问：八角金盘得了炭疽病怎么办？

答：除改善环境的通风和光照条件外，可用咪鲜胺锰盐稀释液喷洒病株。喷药前先剪除已患病的叶片。通常隔3天喷1次，2～3次后即可杜绝炭疽病的发生。

茜草科

栀子

（水横枝）

市场价位： ★★☆☆☆

栽培难度： ★★★☆☆

光照指数： ★★★★☆

浇水指数： ★★★★☆

施肥指数： ★★☆☆☆

高手秘诀

宜用粒状花泥或塘泥种植，也可以水养。平时见到表土干燥时即浇水，2~3天1次。每月施肥1次，将稀释液肥洒于盆土中，也可以3个月施1次固态复合肥。栀子喜光，也耐半阴，但环境过阴只长叶而不开花。

高手支招

问：栀子可用扦插法繁殖吗？

答：春夏季选取一年生粗壮枝条，按5～8厘米长一段剪取插条，每段留3～4片剪半的叶片，然后斜插于沙床中，浇透水。在半阴条件下经1～2个月插条发根并长出新叶，待长出2片新叶时上盆栽培。

问：为什么栀子叶片出现黄化现象？

答：这主要是土壤过碱所致。解决办法：将几滴酸醋加入水中，然后用于浇灌盆土，持续半年以上，待碱土变微酸性后即可避免出现枝叶黄化现象。

问：怎样让栀子植株保持矮化状态？

答：开花后修剪掉那些过长的枝条，以促使植株多分枝和矮化，也为日后多开花打下基础。平时让植株多见阳光。光照不足，会导致枝条徒长而达不到矮化的目的。

木樨科

桂花

市场价位：★★☆☆☆

栽培难度：★★★☆☆

光照指数：★★★★★

浇水指数：★★★★☆

施肥指数：★★☆☆☆

高手秘诀

栽培用土可选择粒状花泥或塘泥。生长旺季每天浇水1次，维持盆土湿润，每月施肥1次，将稀释液肥直接灌入泥土中。阳光充足和空气流通是种好桂花的关键。定期修剪可使植株枝繁叶茂。

高手支招

问：桂花滋生红蜘蛛怎么办？

答：通常桂花滋生红蜘蛛是环境通风不良所致，先要改善通风条件，然后用氧乐果或三氯杀螨醇稀释液喷杀，3天1次，直至把红蜘蛛彻底杀灭为止。

问：桂花叶缘为何干枯？

答：主要原因可能是浇水不当，导致泥土过干或过湿，引起根部的一些细根被旱死或泡烂，从而表现出叶缘干枯。此外，施肥不当，尤其是肥料过浓，直接伤及根系，也会致使桂花叶缘干枯。

楝科

四季米兰

市场价位： ★★☆☆☆

栽培难度： ★★★☆☆

光照指数： ★★★★★

浇水指数： ★★★★☆

施肥指数： ★★☆☆☆

高手秘诀

栽培用土可选用排水良好的花卉培养土，或粒状花泥、塘泥。阳光充足和空气流通是种好四季米兰的关键。生长旺盛季节宜1~2天浇水1次，15天施1次稀释液肥，也可以3个月施1次固态复合肥。花期过后宜修剪1次，以促使植株花繁叶茂。冬季寒冷期要减少浇水并暂停施肥，直到春暖时恢复正常管理。

问：怎样用扦插法繁殖四季米兰？

答：应挑选一年生粗壮枝条，按每段5～10厘米长剪断，切口最好抹上生根粉，然后斜插于沙床中，浇透水，盖上薄膜。30～40天以后插条会生根发叶，待新叶展开后可上盆种植。

问：在北方怎样种好四季米兰？

答：四季米兰是一种南方的花卉，把它移到北方栽培，首先要选一个阳光充足和通风良好的环境放置。光照不足，四季米兰的枝叶徒长，日后只长叶而不开花。第二，注意不要让其受寒冷的侵袭，冬季气温低于5℃时就要入室越冬，温度维持在8～10℃。第三，要注意水质对四季米兰的影响。北方的水质偏碱，长期用于浇淋会使土质碱化，不利于喜欢酸性土的四季米兰的生长，可导致四季米兰黄叶和落叶。因此，在用于浇水的水中滴入几滴食用醋，从而使水呈弱酸性，对四季米兰的生长大有裨益。只要注意上述3点，在北方种好四季米兰并非难事。

木樨科

茉莉

市场价位：★★☆☆☆
栽培难度：★★★☆☆
光照指数：★★★★★
浇水指数：★★★★☆
施肥指数：★★☆☆☆

高手秘诀

盆栽用土宜用沙壤土，如粒状花泥或塘泥。1~2天浇水1次，3个月施肥1次，在盆面撒些固态复合肥即可。茉莉开花需要全日照，光照不足往往只会长叶而不开花。

高手支招

问：为何茉莉大量落叶？

答：主要原因是盆土滞水，根被滞留的水泡烂。如出现这种情况，可用一根竹枝从盆底透水孔插入，疏通透水孔，让滞流水流走，然后修剪掉已落叶的枝条，搬到阳台或庭院阳光充足处栽植。

问：盆栽茉莉花后应怎样修剪？

答：先摘除残花，然后剪去较长的枝条，并把那些老弱残枝全部剪去，以利于日后开花。茉莉通常在新枝上开花，老枝已失去开花能力，及时修剪有利于新枝的生长和发育。每当新枝长到10厘米以上时，就要进行摘心，以利二次新梢的产生。

问：茉莉叶片为什么泛黄失绿？

答：缺肥，尤其是缺氮可导致叶片泛黄。此外，泥土碱化也会出现此现象。因此，定期追施一些酸性肥料，如矾肥水，可避免此现象的发生。

锦葵科

扶桑

（大红花）

市场价位：★★☆☆☆

栽培难度：★★★☆☆

光照指数：★★★★★

浇水指数：★★★★☆

施肥指数：★★☆☆☆

高手秘诀

盆栽用土宜用粒状花泥或塘泥。生长期内 1~2 天浇水 1 次，3 个月施 1 次固态复合肥，也可以每月施 1 次稀释的磷钾肥。光照充足，扶桑才会开花，环境过阴只会长叶而不开花。

问：扶桑滋生粉蚧怎么办?

答：应改善通风条件，因为通风不良易滋生粉蚧。此外，要用扑杀磷稀释液喷杀，约 3 天 1 次，直至把粉蚧完全杀灭为止。

问：怎样用扦插法繁殖扶桑?

答：选取一年生粗壮枝条，按5～8厘米长一段剪断（带1～2片剪半的叶片），然后斜插于沙床中，浇透水，并盖上薄膜保湿。每天洒水1次，约35天后插条生根，待新叶展开时可上盆种植。

问：如何防止扶桑大量落花和落蕾?

答：种植环境条件骤变，如由全日照环境一下子移到荫蔽的室内，或盆土过干、过湿，导致烂根，均会引起扶桑大量落花和落蕾。因此，盆栽扶桑要少搬动，花期给予充足的阳光，适量浇水，可避免植株出现大量落花落蕾现象。

大戟科

一品红
（圣诞花）

市场价位：★★★☆☆
栽培难度：★★★☆☆
光照指数：★★★★★
浇水指数：★★★★☆
施肥指数：★★☆☆☆

高手秘诀

栽培用土宜用排水性和透气性良好的沙质培养土。全日照和良好通风有利于一品红生长和开花，过于阴湿只长叶而不开花。为了让植株多分枝，可多次摘心。2个月施1次磷钾含量较高的固态复合肥，1~2天浇水1次，避免土壤过干。冬季温度要维持在5℃以上。

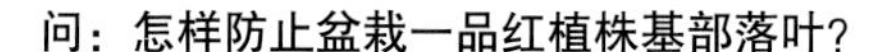

问：怎样防止盆栽一品红植株基部落叶？

答：适量浇水，以防过多的水分滞留于根部周围的泥土之中，造成根缺氧而烂根，从而导致基部叶片脱落。正确的浇水方法应是1～2天浇水1次，浇到盆底有水淌出为止。

问：怎样对一品红进行短日照处理？

答：一品红是圣诞节和春节的节庆花卉。为确保一品红在圣诞节开花，应适当对其进行短日照处理，以促使其提早开花。具体方法：在每年9月下旬把盆栽的一品红在下午5时移入无光的暗室内，直至第二天早上7时才搬出暗室，让其充分见光。如此处理4天左右，顶部就会长出泛红的花苞片，再经30天左右的短日照处理，顶端的花苞片就会不断长大，直至达到应有的观赏效果。

杜鹃花科

西洋杜鹃

市场价位：★★★☆☆

栽培难度：★★★★☆

光照指数：★★★★☆

浇水指数：★★★★☆

施肥指数：★★☆☆☆

高手秘诀

要用纯泥炭的土质种植。夏季要避开直射阳光，其他季节则应尽量给予充足光照，通常 2 天浇水 1 次，保持盆土湿润即可。2 周施肥 1 次，应用磷钾含量较高的肥。冬季应减少浇水和暂停施肥，直到春暖时恢复正常管理。生长期要多次摘心，以利于多分枝和多开花。

问：为何西洋杜鹃第二次开的花不如第一次多，也不如第一次大？

答：因为第一次开花之前（即购回前）是在水肥和环境条件良好的温室或大棚种植的，而家庭莳养水肥和栽培环境条件均不如温室和大棚，因此第二次开花数量变少且花也小。

问：怎样才能让西洋杜鹃长得快？

答：西洋杜鹃喜酸性土，浇水所用的水要偏酸性，可在100千克水中放入0.1%的硫酸亚铁。浇水应做到不干不浇、一浇浇至盆底有水淌出为止，切忌过多，否则会导致落叶或落蕾。西洋杜鹃的生长适温为20～25℃，夏季高温期要创造通风、冷凉的环境条件。此外，施肥也要讲究，通常在其生长旺盛期每半个月用磷钾含量高的液肥浇施1次，也可以每隔1～2个月施1次固态复合肥于盆面。

柳叶菜科

倒挂金钟

市场价位：★★★☆☆
栽培难度：★★★★☆
光照指数：★★★★★
浇水指数：★★★★★
施肥指数：★★☆☆☆

高手秘诀

倒挂金钟怕热，夏季保持环境凉爽和空气流通，维持温度不超过25℃，这是栽培成功的关键。栽培用土宜用排水性和透气性良好的花卉培养土。生长旺盛期内每周施1次稀薄液肥，每天浇水1次，要确保培养土不能太干。夏季半休眠期可暂停施肥和减少浇水，直至秋凉时再恢复正常管理。

问：倒挂金钟花期过后应怎样管理？

答：先把植株剪矮，留下粗壮茎枝，移到通风良好、光照充足处，给予充足的水肥，直到盛夏来临时减少浇水和暂停施肥。炎炎夏日采取降温措施，秋凉时恢复正常管理。

问：倒挂金钟滋生粉虱怎么办？

答：可利用粉虱有趋黄色的习性，在花盆中央立一块黄色塑料板，上涂车用机油，粉虱会扑向黄板而粘于其上，由此达到将其消灭的目的。此法既环保又实用。也可以用氧乐果稀释液喷洒植株。

问：怎样用扦插法繁殖倒挂金钟？

答：通常在春季剪取一年生枝条的粗壮顶梢，以5～6厘米长为一段，留下顶部1对叶片或多对剪半叶片，然后立即插入沙床之中，浇足水，保持环境通风凉爽（温度15～20℃）和空气湿润。约2周后插条生根成苗。

瑞香科

金边瑞香

市场价位：★★★☆☆

栽培难度：★★★☆☆

光照指数：★★★☆☆

浇水指数：★★★★☆

施肥指数：★★☆☆☆

高手秘诀

盆栽用土宜用通用花卉培养土或粒状花泥。喜半阴，忌烈日暴晒，在温暖潮湿的环境中生长良好。2 天浇水 1 次，维持盆土湿润。15 天施肥 1 次，可用稀释液肥。生长期要摘心多次，以使植株多分枝和多开花。

问：如何防止金边瑞香的叶片变绿？

答：金边瑞香是瑞香的花叶变种，要防止其金边的叶片返绿，少施或不施氮肥并给予充足的光照是关键。此外，一旦发现有变回绿色的返祖枝条出现，就要立刻将其剪除，以防返祖的绿色枝叶形成优势。

问：怎样用扦插法繁殖金边瑞香？

答：可在春季新芽展露前选取一年生粗壮枝条，剪成10厘米长一段，上部保留2～3片剪半叶片，然后插于沙床之中。在半阴和潮湿环境中，约3周后插条可生根长芽，此时可上盆栽植。

问：怎样修剪开花后的金边瑞香？

答：应对植株作一次强剪，把枯枝败叶一并剪除，仅留大枝，这样有利于植株矮化和多分枝。

夹竹桃科

鸡蛋花

市场价位：★★★☆☆
栽培难度：★★★☆☆
光照指数：★★★★★
浇水指数：★★★☆☆
施肥指数：★★☆☆☆

高手秘诀

栽培用土宜用排水良好的沙质培养土，如仙人球培养土，也可用粒状花泥或塘泥。生长期内 3 天浇水 1 次，3 个月施 1 次固态复合肥即可。给予充足阳光和稍高的温度是种植鸡蛋花成功的关键。冬季温度应维持在 5℃以上，以利于越冬。

高手支招

问：鸡蛋花冬季为何落叶？

答：冬季落叶是其固有的生长习性。冬季应适当减少浇水和停止施肥，直到春暖长出新枝叶时恢复正常管理。

问：盆栽鸡蛋花只长叶而不开花怎么办？

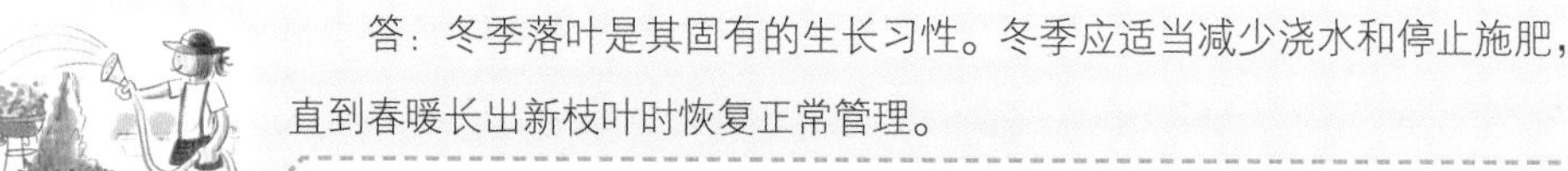

答：鸡蛋花是一种喜阳光和半干旱的植物，如果放置的环境过阴过湿，会导致植株只长叶而不开花。给予盆栽鸡蛋花充足的阳光和温暖的环境，冬季温度不低于 10℃，多施磷钾肥，浇水不要太多（维持盆土稍湿），这样就容易开花。

问：怎样繁殖鸡蛋花？

答：通常采用扦插法，华南地区全年、北方6～8月可实施。从分蘖出的植株的基部剪取长20～30厘米的枝条，然后放于阴凉通风处2～3天，使切口流出的乳汁风干而形成一层保护膜。接着将其直接插入花盆泥土中或沙床上，隔天喷水1次，一般15天后移到半阴处，维持温度20℃以上，约3周后插枝会生根，1～2个月后移到光照充足处让其自然生长。

茜草科

大叶龙船花

市场价位：★★★☆☆
栽培难度：★★★☆☆
光照指数：★★★★☆
浇水指数：★★★★☆
施肥指数：★★☆☆☆

高手秘诀

盆栽用土宜选沙壤土，如粒状塘泥或花泥等。较高的温度和充足光照是大叶龙船花开花的条件。生长旺盛期内1~2天浇1次水，1个月施肥1次，直接将稀释肥液灌入土中。花后要修剪，以利于新枝叶生长、植株矮化，促使其枝繁叶茂。冬季温度应保持10℃以上，否则易受寒害而导致叶片全部干枯脱落。

问：大叶龙船花滋生蚜虫怎么办？

答：选用吡虫啉、毒死蜱、啶虫脒稀释液喷杀，隔3～4天喷1次，直到把蚜虫完全杀灭为止。另外，还要改善种植环境条件，保持空气流通，给予充足光照，这样就不易滋生蚜虫。

问：大叶龙船花叶片为何干枯？

答：大叶龙船花原产于东南亚热带地区，喜暖湿环境，夏季不宜暴晒，忌冬季严寒，生长适温20～35℃。其叶片干枯，主要原因可能是冬季受严寒袭击后部分叶片组织坏死，或者盛夏在烈日下暴晒后叶片部分组织被灼伤。因此，冬季要防严寒，夏季要避开正午烈日，将其置于半阴的环境中，这样叶片干枯的问题才能得到解决。

木棉科

发财树

（瓜栗）

市场价位：★★★☆☆

栽培难度：★★☆☆☆

光照指数：★★★☆☆

浇水指数：★★☆☆☆

施肥指数：★☆☆☆☆

高手秘诀

栽培用土宜用排水性良好的泥土，如通用花卉培养土等。放置地光照应较充足。生长期内 3 天浇水 1 次，3 个月施肥 1 次，在盆面撒一些固态复合肥即可。

问：室内放置的发财树为何叶缘枯干？

答：发财树是一种较喜阳植物，如果将其摆于室内过久，长期光照不足，就会导致叶缘逐渐枯干。尽量将发财树摆放在靠近窗口的地方，定期搬出室外接受阳光，待其植株枝繁叶茂时再搬到室内摆设。

问：室内摆设的发财树叶片越来越疏怎么办？

答：这是由于长期摆放在过阴之处造成的。对此，可把所有徒长枝叶修剪掉，仅剩树桩，然后移到阳台光照充足处栽培，待长成理想的树形后再移回室内明亮处摆设。

问：如何制作多株编织成辫状的盆栽发财树？

答：选择几株20～50厘米高的播种苗（植株大小相同），将其柔软的嫩茎按3编或8编的形式相互绕缠，形成辫状的外观，然后上盆种植。

问：是否可用扦插法繁殖发财树？

答：如果用发财树的枝条扦插繁殖，长出来的苗没有基部膨大的瓶状茎干，观赏效果远不如用播种繁殖出的具瓶状茎干的苗那样好看，故较少采用。

桑科

垂叶榕

市场价位：★★☆☆☆
栽培难度：★★★☆☆
光照指数：★★★★☆
浇水指数：★★★☆☆
施肥指数：★★☆☆☆

高手秘诀

栽培用土宜用粒状花泥或塘泥，也可用通用花卉培养土。2~3 天浇水 1 次，3 个月施肥 1 次，在盆面撒些固态复合肥即可。光照充足时叶片亮绿油润，光照不足则叶片稀疏且叶色晦暗。

问：为何室内摆放的垂叶榕出现大量黄叶？

答：主要原因是浇水过勤而导致烂根，也可能是在室外强光环境栽种的植株一下子移入较暗的室内，植株一时不适应的自然反应。

问：室内放置的垂叶榕老是落叶怎么办？

答：垂叶榕是一种喜欢阳光的植物。在室内放置的垂叶榕老是落叶，主要原因是室内太阴暗，也有可能是浇水过多而导致烂根。可以尝试把垂叶榕移到阳光较充足的地方，5~7天浇水1次，待其恢复生机后再放置在室内。最好在室内摆放半个月后就要放到室外养护。

高手支招

问：猪笼垂叶榕是怎样制成的？

答：猪笼垂叶榕是多株小榕树的茎或气根按构图编织后经过一段时间生长而成。适用于制作“猪笼”的品种还有小叶榕、花叶榕等。

猪笼垂叶榕

桑科

橡胶榕

（橡皮树）

市场价位：★★☆☆☆
栽培难度：★★☆☆☆
光照指数：★★★★☆
浇水指数：★★★☆☆
施肥指数：★★☆☆☆

高手秘诀

栽培用土宜用沙壤土，如粒状花泥或塘泥，也可以用通用花卉培养土。生长期内 2~3 天浇水 1 次，半个月施 1 次稀释液肥，也可以 3 个月施 1 次固态复合肥。冬季寒冷期要减少浇水和暂停施肥，平时用水洒叶，以去除附于叶面的灰尘。

高手支招

问：橡胶榕叶缘枯萎怎么办？

答：主要是空气过于干燥所致。可用多喷水或在盆底垫一个盛着水的碟子的方法来提高空气湿度。此外，要注意不要让盆土过干。

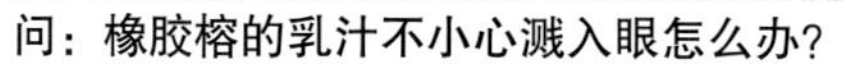

问：橡胶榕的乳汁不小心溅入眼怎么办？

答：一旦出现上述情形，应立即用清水反复冲洗，切忌用手揉擦，否则会引起红眼，严重时会导致眼炎。如果在剪枝时戴上眼镜，就可以防止其乳汁溅入眼。

问：怎样用压条法繁殖橡胶榕？

答：先选取靠近基部木质化较高的老枝，在枝上环割树皮一圈（剥去约 1 厘米宽），然后套入一个透明塑料袋，扎牢袋子基部，把湿水苔均匀放入袋内并裹牢，最后用绳扎牢上部开口即可。通常 2 个月后可见根群长于塑料袋内，此时可把枝条剪离母株，另盆种植。

紫葳科

幸福木

（菜豆树）

市场价位：★★★☆☆

栽培难度：★★★☆☆

光照指数：★★★★☆

浇水指数：★★★★☆

施肥指数：★★☆☆☆

高手秘诀

盆栽用土宜用通用花卉培养土，生长期内1~2天浇水1次，每月施1次稀释液肥，或3个月施1次固态复合肥。室内环境过于荫蔽会导致枝叶徒长，空气过于干燥会使叶尖枯焦。冬季在温度3℃以上的室内明亮处可安全越冬。

高手支招

问：幸福木叶片变黄脱落怎么办？

答：主要原因是环境过于荫蔽，或通风不良，或水分过多导致烂根等。因此，在室内放置幸福木宜选窗前明亮且通风良好处，浇水切忌过勤，以免导致烂根。对于已出现黄叶的植株，可剪去变黄枝叶，换土后放置于室外种植，不要急于将其搬到室内，直至长出新枝叶并形成理想树形后移回室内明亮处摆放。

问：花市上的富贵树是何种植物？

答：市面上的富贵树实为幌伞枫或幸福木。幌伞枫和幸福木外形十分相似，经常张冠李戴，但细看之下，两者还是有区别的：幌伞枫的3～5回羽状复叶为互生，而幸福木的2～3回羽状复叶为对生。

大戟科

变叶木

市场价位： ★★☆☆☆
栽培难度： ★★★☆☆
光照指数： ★★★★☆
浇水指数： ★★★☆☆
施肥指数： ★★☆☆☆

高手秘诀

栽培用土宜用粒状花泥或塘泥，也可用通用花卉培养土。温度不可太低是种好变叶木的关键，冬季温度要维持在15℃以上，否则容易受寒害而死亡或叶片脱落。生长期内1~2天浇水1次，3个月撒1次固态复合肥。光照充足时叶色美丽，光照不足或环境过阴时叶色晦暗。冬季要减少浇水和暂停施肥。

高手支招

问：如何预防变叶木基部叶片脱落？

答：变叶木基部叶片脱落，其主要原因是生长期盆土过干，或冬季受寒。在其生长旺季注意浇足水、冬季及早防寒，就可以预防这种现象的发生。

问：变叶木是否为“促癌植物”？

答：所谓变叶木“促癌”的说法是通过其提取物在实验室给小白鼠接触后导致肿瘤出现而得出的。这一结果曾一度使种植变叶木的人惊恐不已。其实，如果人们不接触其汁液就无需担心，变叶木不会在空气中散发致癌物。根据对栽培变叶木的花场从业人员的流行病学调查结果显示，至今未发现由于经常接触变叶木而致癌的病例。因此，变叶木对人是安全的。

问：为何变叶木叶片产生黑斑？

答：主要出现于室内放置的植株，其原因是得了炭疽病。一旦出现，除要求加强光照和通风外，可喷洒咪鲜胺锰盐稀释液。

五加科

鹅掌木

市场价位：★★☆☆☆
栽培难度：★★★☆☆
光照指数：★★★★☆
浇水指数：★★★★☆
施肥指数：★★☆☆☆

高手秘诀

可用通用花卉培养土或粒状花泥栽种。生长季节内2天浇水1次，3个月施肥1次，直接把固态复合肥撒于盆面即可。盛夏直射阳光易灼伤其叶片，故露地栽植要适当遮阴。

高手支招

问：鹅掌木有哪些常见品种？

答：有叶中央有金黄色纵纹的金心鹅掌木，叶片较大、叶片黄绿相间的夏威夷鹅掌木，叶片较狭窄的七叶莲等。

金心鹅掌木

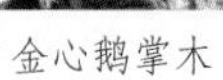

夏威夷鹅掌木

七叶莲

问：室内放置的鹅掌木枝叶稀疏怎么办？

答：主要原因是在室内放置过久或环境过阴。解决办法：先把枝叶稀疏的枝条剪除，仅留10～20厘米长的茎基部，将盆栽鹅掌木移到阳台阳光充足处，按常规方法进行浇水施肥，直至植株长成枝繁叶茂时再移入室内。

南洋杉科

南洋杉

市场价位：★★★☆☆
栽培难度：★★★☆☆
光照指数：★★★☆☆
浇水指数：★★★☆☆
施肥指数：★★☆☆☆

高手秘诀

宜用通用花卉培养土或粒状花泥栽种。2 天浇水 1 次，3 个月施肥 1 次，可直接把固态复合肥撒于盆面。冬季寒冷期应减少浇水和暂停施肥，温度维持在5℃以上，有利于安全越冬。南洋杉生长较快，每年换盆 1 次更有利于生长。

问：南洋杉好养吗？

答：南洋杉生命力很强，耐粗放管理，无论光照强弱，水分多少，它均能适应，因此十分好养。

问：如何繁殖南洋杉？

答：南洋杉一生只长一个生长点，因此不能施行侧枝扦插繁殖。如果用侧枝扦插繁殖，长出的扦插苗只会横向生长，永远也不能长成垂直生长的植株，因此播种繁殖是繁殖南洋杉的唯一选择。

问：盆栽南洋杉过高怎么办？

答：可按要求在其顶部3～4围叶的主干上进行空中压条。选准位置后环割茎皮，然后用水苔包裹，并缚上塑料袋，扎紧两端开口。约经2个月主干茎皮环割处生根后，将其截断上盆栽植。

苏铁科

苏铁

市场价位：★★★☆☆

栽培难度：★★★☆☆

光照指数：★★★☆☆

浇水指数：★★★☆☆

施肥指数：★★☆☆☆

高手秘诀

用沙壤土（如粒状花泥）种植较好。生长期内 3~4 天浇水 1 次，3 个月施肥 1 次，把固态复合肥直接撒于盆面即可。冬季温度维持在 5℃以上，以确保安全。充足的光照和良好的通风有利于其生长；如果光照不足和通风不良，则枝叶徒长衰弱，而且容易滋生介壳虫。

问：怎样制作一盆弯叶苏铁？

答：制作盆栽弯叶苏铁有两种方法：其一，在新叶尚未长硬时，在其叶尖绑上一粒铁螺丝或小石头，迫使叶片在重力的作用下向下弯曲，直到叶片成形后解除绑物即可。其二，当新叶长出后用绳子绑紧叶尖并将其往叶基拉紧，迫使其叶片弯曲成弧曲之状，直至叶片长硬成形后拆除绳子。

弯叶苏铁

问：苏铁滋生介壳虫怎么办？

答：最好在若虫初孵期喷洒杀虫剂。可在杀扑磷或毒死蜱稀释液中，加入 1 小匙洗衣粉，拌匀后喷于滋生介壳虫的叶片上。洗衣粉有利于农药渗透到介壳内而把介壳虫杀死。

紫金牛科

朱砂根

（富贵籽）

市场价位：★★☆☆☆
栽培难度：★★★☆☆
光照指数：★★★★☆
浇水指数：★★★★☆
施肥指数：★★☆☆☆

高手秘诀

栽培用土宜选用沙壤土，如粒状塘泥或花泥，也可用通用花卉培养土。最宜放置于半阴通风环境中。生长期内1~2天浇水1次，3个月施肥1次，把固态复合肥撒于盆面即可。新种的植株，每年2月份应修剪1次，以抑制高度和促进分枝。光照充足时结果丰硕，果色艳红；过于荫蔽，则果色晦暗而无光泽。

问：新购的盆栽朱砂根为什么叶片大量变黄脱落？

答：其原因多半是浇水过多导致烂根，也有可能是在运输途中过于闷热。如系浇水过多所致，则平时浇水时不可过勤，做到盆土表面见干才浇。

问：可用朱砂根的红果播种繁殖吗？

答：果实转为红色时将其采下，用清水搓洗去果皮，晾干后可用于播种。播时取一个浅盆，铺上底土，在其上播下种子，然后覆土，洒透水后置于半阴通风环境中，温度维持在20℃以上。约20天后萌发出小苗，待小苗有3片真叶时起苗上盆。播种苗约经2年才可以开花结果。

问：盆栽朱砂根如何矮化？

答：可采用空中压条的办法，把过高的茎干截短，即用一利刀在茎干适宜高度处将茎皮环剥，然后用湿透的水苔或烂泥巴包裹切口，再用透明的塑料薄膜包裹，并把开口扎紧。待2~3个月后切口处长出根时将茎干剪下，除去包裹薄膜，另盆再植，就可以达到矮化的目的。至于被截断后的原株，一段时间后又会长出新芽，经精心栽培后又可结出红果。

芸香科

金橘

市场价位：★★★☆☆

栽培难度：★★★★★

光照指数：★★★★★

浇水指数：★★★★★

施肥指数：★★★★☆

高手秘诀

宜用粒状塘泥或花泥种植，每天浇水 1 次，直到 7 月份减少浇水，使盆土干燥，以刺激花芽分化。每半个月施肥 1 次，可浇施稀释后的磷钾肥，以促使植株开花结果。阳光充足的地方是种植金橘的首选地。

问：新购的金橘为什么大量落叶？

答：可能是环境剧变造成的。盆栽金橘的生产场通常为全日照，而且水肥充足。一旦从生产场移到家居光照不足的地方，植株一时难以适应，就会导致大量叶片变黄脱落。因此，新购回的盆栽金橘应先放于光照充足的阳台，3 ~ 5 天后再移入室内观赏，这样就可以避免此情况发生。

问：金橘果实观赏后怎样加工食用？

答：金橘果大如枣，呈椭圆形，香气浓郁，但鲜食不大可口，外甜内酸。中医认为，金橘的果实有化痰止咳、健胃行气、消解胸闷和减轻反胃、帮助消化等功效。在珠江三角洲有不少家庭将金橘果实摘下洗净，制成凉果，用瓦缸贮备食用。其加工方法有两种：一是腌制咸金橘。先将果实约 1000 克、熟盐约 15 克，放在缸内，用筷子搅匀，两天后取出，用煮滚的开水洗净，放在竹筛上晾干。用 10 克甘草煮水，再将果实放入浸透 1 天，取出放在阳光下晒至皱皮即可食用。二是加工甜金橘。将果实用开水烫浸半天，取出晒两三天，呈半干状态时加入蜜糖，再放入玻璃瓶，存于冰箱内随时取食。

芸香科

四季橘

市场价位：★★★☆☆
栽培难度：★★★★★
光照指数：★★★★★
浇水指数：★★★★★
施肥指数：★★★★☆

高手秘诀

栽培用土宜选粒状塘泥或花泥。要求阳光充足。每天浇水1次，直到7月份减少浇水，使其在干旱的刺激下花芽分化。每月撒1次磷钾含量高的固态复合肥，以利于开花结果。摘果后强修剪1次，并换土，有利于四季橘再次开花结果。

高手支招

问：盆栽四季橘在控水期间如遇雨天怎么办?

答：所谓控水就是少浇水或不浇水，使盆土干旱，以刺激植物花芽分化。如果四季橘在控水期间淋到雨水，就会使控水工作前功尽弃。故放于露天正在控水的盆栽四季橘，雨天应移入雨水打不到的地方。一种简便的不移盆的方法是将花盆横放，这样可避免雨水淋湿盆土。

问：怎样使带土球的四季橘上盆后不落果?

答：四季橘脱盆带土球植株运到北方出售，很多人买回家种上盆后，发现植株出现落果现象，观赏期也缩短了。解决方法：挑选土球结实不松散的植株；土球已松动者，再便宜也不要购买。上盆时将原土球放入花盆之内，再加入新土壤填实，浇透水后置于室内温暖和半阴之处，避免温度低于5℃或强阳光的刺激。1周后再移到光照充足之处，3～4天浇1次透水，即可恢复生机，这样挂果较持久。

龙舌兰科

象脚丝兰

（荷兰铁树）

市场价位：★★★☆☆

栽培难度：★★☆☆☆

光照指数：★★★★☆

浇水指数：★★☆☆☆

施肥指数：★☆☆☆☆

高手秘诀

栽培用土可用仙人球培养土或排水良好的粒状花泥。生长期内 5~7 天浇水 1 次，3 个月施肥 1 次，在盆面撒些固态复合肥即可。象脚丝兰耐寒，冬季温度保持 0℃以上即可。

高手支招

问：室内放置的象脚丝兰茎叶徒长怎么办？

答：这种情况是光照不足所致。处理办法：先把徒长枝叶全部剪除，留下树桩，移到室外光照充足处，如阳台或庭院；待其抽枝长叶，形成理想株型后重新移到室内明亮处。

问：象脚丝兰枝叶过密怎么办？

答：可将树桩基部长出的芽剥除，并把过密的枝条疏剪掉，以叶片互不遮挡为宜。

问：盆栽象脚丝兰烂根怎么办？

答：导致象脚丝兰烂根的原因有几种，如浇水过多、肥料过浓、感染病菌等。象脚丝兰是一种沙漠耐旱植物，植株的茎叶均有贮水的作用，即使1～2个月不浇水也无大碍；相反，如果天天浇水，会把根泡烂。因此，生长期内5～7天浇1次就足够了，水量宁少勿多。

龙舌兰科

朱蕉

（铁树）

市场价位：★★☆☆☆
栽培难度：★★★☆☆
光照指数：★★★☆☆
浇水指数：★★★☆☆
施肥指数：★★☆☆☆

高手秘诀

盆栽用土可用通用花卉培养土，也可用粒状花泥。生长期内2~3天浇水1次，3个月施肥1次，可直接把固态复合肥撒于盆面。光照充足，朱蕉的叶色鲜红；光照不足，朱蕉的叶片晦暗无光，也较稀疏。冬季植株生长缓慢，此时要减少浇水和暂停施肥，直至春暖时恢复正常管理。

高手支招

问：为什么盆栽朱蕉叶缘老是干枯？

答：原因是放置地方太干燥，空气湿度太低，可每日喷水多次，以提高周围空气湿度；或将盆栽朱蕉置于一只盛着水的碟子上，让水汽徐徐上升，提高植株附近空气湿度。

问：朱蕉有株型矮小的品种吗？

答：朱蕉有许多品种，有高大型的普通朱蕉，有迷你型的娃娃朱蕉。后者盆栽通常只能长高至20厘米左右。如果想让娃娃朱蕉长得较高大些，可尝试变盆栽为地栽，一般或多或少会长高些，但与高大型的普通朱蕉相比还是相差很大。

娃娃朱蕉

龙舌兰科

巴西铁树

（香龙血树）

市场价位： ★★★☆☆

栽培难度： ★★★☆☆

光照指数： ★★★☆☆

浇水指数： ★★★☆☆

施肥指数： ★★☆☆☆

高手秘诀

栽培用土宜用排水良好的花卉培养土。生长旺盛期内 2~3 天浇水 1 次，浇水时用水喷洒植株。3 个月施肥 1 次，将固态复合肥撒于盆面，肥分要求氮、磷、钾均衡，切忌施过多氮肥；否则，如果是金心的品种会返绿，失去原有金心叶片的风采。冬季应入室放置，温度控制在 10℃以上，并减少浇水或暂停施肥，直至春暖时恢复正常管理。

高手支招

问：巴西铁树茎皮为何会整片剥落？

答：主要是由于盆土过湿，树皮内滋生了一种叫小金龟子的幼虫蛀食所致。如出现这种情况，可采取如下防治方法：先用手剥除这些已坏死的茎皮，露出被虫蛀的茎干，然后用毒死蜱稀释液喷杀，把害虫彻底消灭。

问：冬季巴西铁树的叶片为何发黄脱落？

答：巴西铁树是一种不耐寒的植物，温度下降到 5℃以下时植株会受冻而出现叶片变黄脱落的情形。因此，在冬季寒冷的北方地区栽培巴西铁树，一到冬季就要把其放到室内有暖气的地方，维持 15℃以上的室温，不让其受冻，这样冬季就可以避免发生叶片变黄脱落的现象。

龙舌兰科

富贵竹

市场价位： ★★☆☆☆

栽培难度： ★★☆☆☆

光照指数： ★★★☆☆

浇水指数： ★★★★☆

施肥指数： ★☆☆☆☆

高手秘诀

可用泥种，也可水养。泥种时宜放于半阴处，3~5 天浇水 1 次，3 个月施 1 次固态复合肥。水养时置于窗前明亮之处，每个月往水里滴几滴含尿素和磷酸二氢钾的营养液。不管水养还是泥种，冬季都要注意保温，通常在室温 10℃以上可安全越冬；室温低于 10℃，则叶片会被冻坏而变黄，茎枝腐烂而死亡。

高手支招

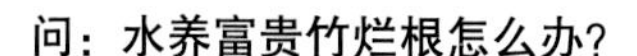

问：水养富贵竹烂根怎么办?

答：导致水养富贵竹烂根的主要原因是长期不换水或受冻。解决方法：把原有的水倒掉，把已腐烂的根剪除，然后注入新水，放于室内光照充足之处，冬季维持室温 10℃以上，方可确保水养富贵竹常青不败。

问：水养富贵竹有哪些施肥法?

答：水养富贵竹可少施肥，但摆放处光照要充足。为了使水养的植株长得更翠绿，每月可往水中滴几滴花店出售的水培营养液，也可滴入几滴白兰地酒。

问：室内养富贵竹夜间对人体有害吗?

答：富贵竹在夜间会放出二氧化碳，但对人体不会构成危害。实验表明，室内放置一盆富贵竹，其夜间呼出的二氧化碳仅为 0.1 克，也就是说还不到吸烟时呼出的一口烟气所含二氧化碳的量。室内空气混浊多半是居室没有开窗，空气不流通所致，与室内养富贵竹无关。

棕榈科

散尾葵

市场价位： ★★★☆☆

栽培难度： ★★★☆☆

光照指数： ★★★☆☆

浇水指数： ★★★☆☆

施肥指数： ★★☆☆☆

高手秘诀

宜用通用花卉培养土或粒状花泥种植。生长季节内1~2天浇水1次，3个月施1次固态复合肥。散尾葵怕冷，冬季温度要维持在10℃以上，夏季阳光太烈会晒黄叶片，因此冬季要减少浇水，夏季要避免阳光直晒，这是种好散尾葵的关键。

问：为什么散尾葵老是枯尖？

答：主要是长期置于室内，空气过于干燥，或盆土过少，不利根系生长造成的。对此，除通过各种手段提高空气湿度外，还应适时分盆，给根创造一个充足的生长空间，以免根互相缠绕而使根尖受损。

问：怎样繁殖散尾葵？

答：最简便的方法是采用分株法繁殖，换盆的同时把丛生的植株一分为二或三，另盆栽种即可。

棕榈科

袖珍椰子

市场价位：★★☆☆☆

栽培难度：★★☆☆☆

光照指数：★★☆☆☆

浇水指数：★★★☆☆

施肥指数：★★☆☆☆

高手秘诀

盆栽用土宜用沙质土，或粒状塘泥、花泥，或通用花卉培养土。生长期内隔天浇水1次，3个月施肥1次，在盆面撒些固态复合肥。在浇水的同时用水喷洒叶片，可冲掉附于叶面的灰尘，也可提高空气湿度。冬季温度要维持在10℃以上，并减少浇水和暂停施肥，直到春暖时恢复正常管理。

问：怎样防治袖珍椰子炭疽病？

答：改善通风条件，切忌空气不流通或空气湿度过大。一旦发现炭疽病，先剪除病叶，然后用咪鲜胺锰盐或甲基硫菌灵稀释液喷洒植株，以杀死病原菌。

问：袖珍椰子叶片褐化失绿怎么办？

答：主要是长期置于室内，生长过程得不到新鲜空气，以及光照严重不足所致。对此，应把已褐化的植株移到室外半阴处栽植，适当剪去部分已褐化的叶片，加强水肥管理，一段时间后植株会复绿。

棕榈科

棕竹

市场价位：★★★☆☆

栽培难度：★★★☆☆

光照指数：★★☆☆☆

浇水指数：★★★☆☆

施肥指数：★★☆☆☆

高手秘诀

宜用粒状花泥或塘泥种植，也可用通用花卉培养土栽培。生长期内 2~3 天浇水 1 次，3 个月施肥 1 次，在盆面撒些固态复合肥。棕竹耐阴，不宜置于直射阳光下暴晒，否则叶片会被晒黄或灼伤。冬季减少浇水和暂停施肥，直至春暖时恢复正常管理。

高手支招

问：怎样区分棕竹和细叶棕竹？

答：棕竹的叶片较大，裂片较阔，通常 3 ~ 8 裂，茎枝也较粗；而细叶棕竹叶片较小，裂片较小且多，通常 8 ~ 15 裂，茎枝也比棕竹细。

问：怎样保持室内摆设的棕竹叶片光亮？

答：在浇水的同时喷洒叶片，让水冲走附在叶面上的灰尘，也可用湿布抹叶使其光亮。如果用亮叶剂喷洒叶片，则效果更好。

细叶棕竹

禾本科

佛肚竹

市场价位：★★★☆☆

栽培难度：★★★☆☆

光照指数：★★★★★

浇水指数：★★★★☆

施肥指数：★★☆☆☆

高手秘诀

宜用泥质黏土种植，也可用粒状花泥或塘泥栽培。1~2 天浇水 1 次，3 个月施肥 1 次，直接在盆面撒些固态复合肥。在我国华南地区全年均可生长，充足的阳光和水分有利于生长。

问：怎样繁殖佛肚竹？

答：可用锄头挖出其根蔸，按 3 ~ 4 个生长点（竹眼）一组切下，用花盆栽植或地栽均可。先置于半阴处 1 周，然后移到光照充足处，按照常规方法进行浇水、施肥。如不久从土中长出新笋，说明繁殖成功。

问：佛肚竹怎样移栽才容易成活？

答：在挖掘的前两天给佛肚竹浇透水。挖掘前根据定植高度截干，疏枝疏叶；挖掘后绑扎土球，并套塑料袋，以免土球破散。春暖时移栽更易成活。

紫茉莉科

三角梅

（簕杜鹃）

市场价位：★★☆☆☆

栽培难度：★★★☆☆

光照指数：★★★★★

浇水指数：★★★★☆

施肥指数：★★☆☆☆

高手秘诀

栽培用土可用粒状花泥或塘泥，也可用通用花卉培养土。生长旺盛期内1~2天浇水1次，每月施稀释液肥1次，或3个月在盆面撒1次固态复合肥。阳光充足，植株生长壮旺；光照不足，植株徒长，只长枝叶而不开花。冬季温度要维持5℃以上，以确保安全越冬。

高手支招

问：怎样才能促使三角梅开花？

答：除给予充足阳光照射外，多施磷钾肥，并在花芽分化期（夏末秋初）适当减少浇水，使盆土呈半干状（此时有很多叶片因缺水而变黄脱落）。控水15天后恢复正常浇水、施肥，不久将长出花蕾。

问：可用压条法繁殖三角梅吗？

答：在温暖季节把植株基部枝条拉下，用利刀将其刻伤，然后把它压入另一个花盆的盆土中或地穴上，压紧盖土；注意浇水保湿，30～40天后被压的枝条刻伤处会长出新根或新芽，此时可将枝条从母株切离，另盆栽植。

问：如何修剪三角梅？

答：三角梅为藤状灌木，如不适当修剪，植株会长得过于高大。因此每年须修剪2次，一次在春季发芽前，另一次在开花后新枝叶长出前。修剪时剪除长得过密的纤弱枝、徒长枝等，以利于基部萌生新芽，使植株生成枝条分布均匀、疏密适中的树冠，达到枝繁叶茂和矮化植株的目的。

蝶形花科

紫藤

市场价位：★★★☆☆
栽培难度：★★★☆☆
光照指数：★★★★★
浇水指数：★★★★★
施肥指数：★★☆☆☆

高手秘诀

紫藤是一种耐寒的落叶藤本，栽培用土宜用养分丰富的园土、粒状花泥或塘泥。生长期内每天浇水1次，并给予充足阳光。每月施肥1次，将稀释液肥灌入泥土中，也可以3个月施1次固态复合肥。冬季是落叶休眠期，此时应暂停施肥和减少浇水，保持泥土有湿润感即可，直至春季紫藤开花和长叶时恢复正常管理。

问：怎样用扦插法繁殖紫藤？

答：通常在3月中旬选取一年生粗壮枝条，剪成每段10～15厘米长的插条，然后斜插于沙床中，深度为插条长的2/3左右，插后每天喷水。约2个月后插条发新根和新枝叶，此时可移植到种植地。

问：紫藤滋生粉虱怎么办？

答：可将一块抹有机油的黄板插在植株旁，利用粉虱趋黄的习性，使粉虱自投罗网，被黄板的机油粘住，从而达到防治的目的。

紫葳科

炮仗花

市场价位：★★★☆☆
栽培难度：★★★☆☆
光照指数：★★★★★
浇水指数：★★★★★
施肥指数：★★☆☆☆

高手秘诀

宜用肥沃的沙质园土、粒状塘泥或花泥种植。生长旺盛期内每天浇水 1 次，每个月施 1 次稀释液肥，也可以 3 个月撒 1 次固态复合肥。炮仗花不耐寒，冬季是炮仗花的半休眠期，此时应减少浇水和停止施肥，温度维持 10℃以上方可安全越冬。

问：秋凉后为何炮仗花叶片变黄和脱落？

答：这是因为秋末冬初温度下降后炮仗花进入半休眠期，此时叶片大量变黄脱落是植株对较冷凉天气的一种适应性反应，是正常的落叶，而非病害所致的落叶。

问：如何用压条法繁殖炮仗花？

答：在春夏季节把长藤拉到地穴上，在藤上拟压的地方用利刀刻伤茎皮，然后盖上泥土，保持土壤湿润。约 2 个月后被压的藤长出新根，待新叶展开时可移植上盆。

忍冬科

金银花

市场价位：★★☆☆☆
栽培难度：★★★★☆
光照指数：★★★★★
浇水指数：★★★★★
施肥指数：★★★☆☆

高手秘诀

对土壤要求不严，可用沙壤土，如粒状花泥或塘泥。生长期内每天浇水 1 次，每半个月施 1 次稀薄液肥，或 2 个月撒 1 次固态复合肥。光照不足往往只长叶而不开花。金银花为藤本植物，种植时最好插一根竹竿让其向上攀爬。

高手支招

问：金银花长势旺而不开花怎么办？

答：金银花是一种喜阳的藤本植物。金银花长势旺而不开花，其原因可能与光照不足有关，也可能与过量地施用含氮为主的肥料有关。如果栽培地光照不足，那么就要将其移至阳光充足之地栽种，保证每天有 5 小时以上的阳光照射；同时，施肥时多选用磷酸二氢钾等磷钾肥。相信如此“双管齐下”，只长叶不长花的金银花植株将会花繁叶茂。

问：怎样用扦插法繁殖金银花？

答：温度20℃以上时均可进行扦插。先选取健壮的藤枝，以10～15厘米长为一段剪取插条，然后将其直接插于沙床上，插入深度约5厘米，浇足水，以后早晚喷雾。约20天后插条生根，待插条长出2～4片新叶时移植上盆。

五加科

常春藤

市场价位：★★☆☆☆

栽培难度：★★★☆☆

光照指数：★★★☆☆

浇水指数：★★★☆☆

施肥指数：★★☆☆☆

高手秘诀

盆栽用土宜用通用花卉培养土，地植用粒状塘泥或花泥更适宜。常春藤喜凉爽忌暑热，当盛夏季节温度超过30℃时，要适当减少浇水并暂停施肥。平时浇水不能过多或过少，通常2天浇1次较为适宜。每月施肥1次，将稀释液肥灌入盆土中。枝条过长时可适当剪短，以利于植株造型。

问：为何常春藤在夏季烂根死亡？

答：常春藤怕热，如果在夏季高温季节过量浇水就容易导致烂根，因此夏季应控制浇水，维持盆土稍湿即可。

问：有什么办法可使常春藤插条容易生根？

答：在春秋季节，剪取粗壮的一年生枝条（枝条不能太嫩或太老），然后在切口处敷上生根粉，这样插后插条较容易生根。

萝藦科

球兰

市场价位：★★★☆☆

栽培难度：★★☆☆☆

光照指数：★★★☆☆

浇水指数：★★★☆☆

施肥指数：★★☆☆☆

高手秘诀

盆栽用土宜用通用花卉培养土或花泥。生长期内 2~3 天浇水 1 次，每半个月施肥 1 次，将稀释液肥直接灌入土中，也可以 3 个月施 1 次固态复合肥。球兰耐阴，但过于荫蔽则只长叶而不开花，每天给予充足散射阳光有助于球兰生长和开花。

高手支招

问：怎样用叶插法繁殖球兰？

答：先把质厚的叶片从叶柄处剥离，然后将其直接插入沙床或盆土中，保持环境半阴、盆土潮湿状态。不久，叶柄基部会长出带根的小芽，小芽发枝长叶后就可形成一株新的球兰。此时可将其连同母叶一起从插床中拔出，另盆种植。

球兰叶插

问：室内盆栽球兰只长叶而不开花怎么办？

答：这与室内光照不足有关。球兰虽然耐阴，但如果没有得到充足散射阳光的照射，花芽难以形成，只会长叶而不开花。把其放置于阳光较充足的窗口（冬季阳光可照到，夏季烈日照不到），并多施磷钾肥，这样球兰就容易开花。

问：吊盆栽球兰茎长得过长怎么办？

答：可将过长的茎截短，或者将过长的茎向上提起，然后用人工的方法将其绕缠固定于吊盆带上。

草本花卉

莳养秘诀

菊科

菊花

市场价位：★★☆☆☆
栽培难度：★★★☆☆
光照指数：★★★★★
浇水指数：★★★★★
施肥指数：★★★★☆

高手秘诀

光照和水分要充足，泥土要疏松透气且富含养分。生长旺盛期内每周施肥1次，并适时摘心。通风不良易滋生蚜虫和红蜘蛛，注意防虫。

高手支招

问：为什么菊花基部叶片脱落？

答：出现这种情形的原因除了病害或养分不足外，更常见的是栽培环境剧变。一旦把在全日照环境中栽培的菊花移到光照不足或空气欠流通的地方，如放入室内观赏，往往会出现基部叶片大量变黄脱落的现象。如果先把盆菊由阳光充足的环境移到半阴环境中 2 ~ 3 天，然后再入室放置，就可以避免这种现象的发生。

问：菊花凋谢后应如何管理？

答：可先把花朵凋谢的老枝整条从基部剪除，以利于基部长出新芽和新枝；同时，给予充足的阳光、水分和养分。盛夏来临，地上部生长迟缓时减少浇水和施肥次数，秋凉时恢复正常管理。为了促使其多分枝和多开花，应在春季和夏季摘心 1 次。菊花茎较软而易倒伏，要用竹枝绑扶。

问：菊花叶片出现黄纹斑怎么办？

答：出现这种现象，说明患了花叶病，其病原为病毒。由于此病为不治之症，而且会通过吸食汁液的昆虫传染给其他健康的植株，故应深埋病株，以免祸及其他植株。

菊科

大丽菊

市场价位： ★★☆☆☆
栽培难度： ★★★★☆
光照指数： ★★★★★
浇水指数： ★★★★☆
施肥指数： ★★★☆☆

高手秘诀

栽培用土宜选择排水良好的沙质培养土或花泥。生长旺盛期内每天浇水 1 次，每周施肥 1 次，可用稀释 1000 倍以上的液肥。小苗上盆时要施足基肥，随着生长的加快，要摘心多次，以促使其枝繁叶茂。阳光充足是种好大丽菊的关键，一旦光照不足，植株就会徒长和不开花。

问：大丽菊花朵较重，怎样克服花期植株下垂的现象？

答：通常可在花蕾出现时用竹枝绑扎扶持，竹枝要深插于盆土之中，以防大风把其吹倒而前功尽弃。

问：怎样用大丽菊块根繁殖？

答：开花后把块根掘起，按芽眼的位置分别切开几块放于架子上晾几天，待切口干后再上盆种植。也可用木炭粉敷于切口上，以缩短切口风干时间。

问：怎样利用泥球扦插法繁殖大丽菊？

答：扦插前要对母株进行重点培育，通常把已开花供留种的块根移栽到地里，给予充足的水肥。夏季休眠以后，长出的新枝达到6～10厘米长时剪下，用准备好的湿黏土包裹切口，然后插入透气性较好的沙床或沙盆之中，置于半阴的环境中。每天洒水，维持环境凉爽和较高空气湿度，约20天后插条可发根成苗。

牻牛儿苗科

天竺葵

市场价位：★★★☆☆
栽培难度：★★★☆☆
光照指数：★★★★★
浇水指数：★★★★☆
施肥指数：★★☆☆☆

高手秘诀

宜用排水良好的沙质园土或粒状塘泥种植。春秋季是天竺葵的生长旺盛期，此时要注意浇水，可1~2天浇1次；15天施肥1次，将稀释液肥直接施于土中，如果用固态复合肥可3个月施1次。夏季温度超过28℃，或冬季温度低于3℃时植株会处于半休眠状态，此时要减少浇水并停止施肥，直至高温期、低温期过后恢复正常管理。

高手支招

问：怎样用扦插法繁殖天竺葵？

答：可在秋凉时实施，把粗壮多汁的茎按8～10厘米长一段剪断，风干切口（晾1天），然后插入沙床中，保持环境凉爽、土壤湿润。约20天后插条生根发芽，待长出叶片后即可上盆栽种。

问：天竺葵只长叶而不开花怎么办？

答：主要是光照不足造成的，把植株移到阳光充足之处，给予磷钾含量高的肥料即可。

问：怎样避免天竺葵夏天落叶？

答：天竺葵是一种喜冷凉的观花植物。在华南地区夏季气温高达30℃以上时，盆栽天竺葵往往受不了高温而落叶；至秋凉后再长新叶，但植株由于基部无叶而十分难看。如果想让天竺葵夏季不落叶，应将其移到有冷气的室内光照充足处，以熬过酷热的夏天，到秋凉时再移回原处。

夹竹桃科

长春花

市场价位：★★☆☆☆
栽培难度：★★★☆☆
光照指数：★★★★★
浇水指数：★★★★★
施肥指数：★★★☆☆

高手秘诀

宜用排水良好的沙质园土或粒状花泥种植，也可以用通用花卉培养土栽种。生长旺盛期内每天浇水1次；每月施1次稀释液肥，或3个月施1次固态复合肥。给予充足阳光和水分，长春花花开不绝；光照不足往往导致植株只长叶而不开花。冬季呈半休眠状态，此时要减少浇水和暂停施肥，直至春暖时恢复正常管理。

问：长春花出现红蜘蛛怎么办？

答：通风不良是诱发红蜘蛛的原因，因此须改善通风条件，并用三氯杀螨醇稀释液喷杀，3天1次，直至把红蜘蛛全部杀灭为止。

问：怎样用扦插法繁殖长春花？

答：在温暖的季节，选取粗壮枝条，按5～8厘米长一段剪取插条（每根插条带有2片剪半的叶片），然后斜插于沙床上，洒透水，保持环境半阴、通风。约1个月后插条生根发芽，待新芽长出2片叶后移植上盆。

问：为什么长春花叶片泛黄脱落？

答：原因大多是栽培环境剧变，由强光处突然移到荫蔽处放置。此外，环境长期过于荫蔽或浇水过多而导致烂根也是叶片泛黄脱落的一个原因。因此，给予充足的阳光和适量浇水是保持长春花常青的关键。

菊科

非洲菊

市场价位：★★★☆☆
栽培难度：★★★★☆
光照指数：★★★★★
浇水指数：★★★★★
施肥指数：★★★☆☆

高手秘诀

栽培用土可用通用花卉培养土，也可用粒状花泥，不过以通风透气的腐叶土最好。上盆时苗不可栽植过深，根芽须露出。非洲菊喜凉爽而怕暑热，生长适温为15~25℃。生长期内每天浇水，泥土不能干旱。15天施肥1次，可用稀释液肥，也可以1个月施1次固态复合肥。在阳光充足的环境中非洲菊易开花，光照不足往往只长叶而不开花。

问：如何繁殖非洲菊?

答：常见的方法是用分株法繁殖。每当植株长得过大和过密时，利用换盆的机会，把大丛的植株分为2～3丛即可。分株时要看准株与株的连接处，然后用手掰开或用刀把它们割离，另盆种植。

问：非洲菊滋生蚜虫怎么办?

答：量少时用抹布擦去，量多时可用毒死蜱稀释液喷杀，隔3天喷1次，2～3次即可把蚜虫全部杀灭。

问：为什么盆栽非洲菊出现哑蕾?

答：主要原因是花期温度过低，从而导致花蕾不能正常打开（哑蕾现象）。防止方法是花期温度维持在15℃以上。

石竹科

石竹

市场价位：★★☆☆☆

栽培难度：★★★☆☆

光照指数：★★★★★

浇水指数：★★★★★

施肥指数：★★★☆☆

高手秘诀

宜用粒状花泥或通用花卉培养土种植。充足的阳光和水分是石竹开花的条件。生长期内每天浇水1~2次，每周施1次稀释液肥，也可以每月施1次固态复合肥。夏季温度超过30℃时植株生长变缓，此时应减少浇水和暂停施肥，直到秋凉时恢复正常管理。

问：怎样用扦插法繁殖石竹？

答：选择粗壮老枝，剪成长5厘米并带有2个节的插条，然后将其插入湿润沙床中，置于半阴、温暖环境中。约3周后插条便会发根长芽。待其长出新叶时移植上盆。

问：盆栽石竹为何整盆枯萎？

答：主要是浇水过多而造成烂根所致，尤其在盛夏最易出现这种情况。预防方法：夏季减少浇水，保持环境通风透气，这样可减少烂根现象的发生。

问：怎样才能使石竹多次开花？

答：石竹是一种长寿的草花，如果环境条件适宜，光照充足、通风良好，开完第一次花后立即剪除残花，补施一定的稀释液肥，过10天左右又会开第二次花。开两三次花后，植株黄化、花朵颜色变淡失色时，可考虑将其丢弃。

唇形科

洋紫苏

市场价位：★★☆☆☆
栽培难度：★★★☆☆
光照指数：★★★★☆
浇水指数：★★★★★
施肥指数：★★★☆☆

高手秘诀

宜用通用花卉培养土或粒状花泥种植。阳光充足和空气流通是种好洋紫苏的关键。生长旺盛期内每天浇水1~2次，10~15天施1次稀释液肥，也可每隔1个月施1次固态复合肥。冬季温度低于10℃时洋紫苏往往落叶，盛夏温度超过30℃时生长放缓，生长适温15~25℃。

高手支招

问：怎样防止洋紫苏疯长？

答：在其生长旺季少施氮肥，多施磷钾肥。有必要时修剪长得过长的枝条，维持植株高度，令其多发新枝。

问：怎样判断洋紫苏是否要换盆？

答：如植株长得过大过茂盛，基部叶片脱落，叶色变差，这说明其盆内已长满互相缠绕的根，此时必须换盆。

问：怎样让洋紫苏叶色美丽？

答：除盛夏高温季节外，其他季节让其多接受阳光，这样叶色更鲜艳。

玄参科

荷包花

市场价位：★★★☆☆
栽培难度：★★★★★
光照指数：★★★★★
浇水指数：★★★★★
施肥指数：★★★★☆

高手秘诀

栽培用土宜用腐叶土或通用花卉培养土。喜阳，喜冷凉通风环境。每日浇水1次，在土表发白时浇，否则易导致烂根。浇水时切忌把水溅于叶面和芽上，否则容易造成烂叶或烂芽。半个月施肥1次。

高手支招

问：为何荷包花容易凋谢？

答：荷包花是一种喜冷凉而怕暑热的花卉，一旦温度超过20℃，其花朵就会加快枯萎速度而很快凋谢。加上荷包花花朵质薄，一旦遭大风吹，花瓣相互碰撞而产生伤痕，花朵很快就会变黑而提早凋萎。因此，购买荷包花后一定要用旧报纸包裹植株，以防携回家途中花朵受伤。

问：为什么荷包花花朵越开越小？

答：荷包花是耗肥耗水的草花，如果开花后生长期供水和施肥不足，植株往往由于水分或养分不足而开出较小的花朵且花色不艳。因此，在生长期内必须供给充足水肥，这样荷包花才能开好花。

玄参科

金鱼草

市场价位：★★☆☆☆
栽培难度：★★★★☆
光照指数：★★★★★
浇水指数：★★★★★
施肥指数：★★★☆☆

高手秘诀

由播种到开花需85~100天。盆栽用土宜用通用花卉培养土。每天浇水1~2次，5~7天施肥1次，以磷钾含量高的稀释液肥为佳。当小苗长至10厘米高时要摘心，以使植株产生更多分枝。充足的阳光、水分、养分是种好金鱼草的关键。

高手支招

问：金鱼草如何进行播种繁殖？

答：金鱼草的种子细小。播种时将其均匀地撒播于盆土表面，播后不用覆土，以利于种子在光的作用下发芽。喷洒透水后盖一玻璃板于盆面，利用水的循环保湿。在常温下约经1周种子萌发，小苗高5～8厘米时移植上盆。

问：金鱼草花朵越开越小是何原因？

答：主要原因是营养生长期供给的养分不足，或者光照不足。解决方法：给予植株全日照，并多施磷钾肥，这样可使金鱼草多开花和开大花。

问：怎样才能使盆栽金鱼草在室内耐摆设？

答：首要条件是光照要充足，温度要控制在10～20℃。其次，要给予充足的水分，2天浇水1次，千万不能让盆土干涸，否则会造成植株萎蔫黄化而使摆设期提早结束。

菊科

百日草

市场价位：★★☆☆☆

栽培难度：★★★★☆

光照指数：★★★★★

浇水指数：★★★★★

施肥指数：★★★☆☆

高手秘诀

由播种到开花约需 100 天。栽培用土宜用富含养分的园土、通用花卉培养土或粒状花泥。生长期给予充足阳光，每天浇水 1~2 次，5~7 天施肥 1 次，以磷钾含量高的稀释液肥为佳。当小苗长到 8 厘米高时要摘心，以利于长出更多分枝和多开花。百日草花期过后植株便枯萎死亡。

高手支招

问：怎样避免百日草花开得很小？

答：在苗期施肥或供水不足，开花时就会出现这种现象。预防办法：给予充足的水肥，尤其是在苗期阶段。

问：百日草滋生蚜虫怎么办？

答：可用吡虫啉或毒死蜱稀释液喷杀，也可用烟叶浸出液涂于滋生蚜虫的枝叶来杀灭。

问：怎样用扦插法繁殖百日草？

答：在每年的6～7月，剪取百日草的粗壮侧枝，以10厘米长为一段，直接插入沙床中，洒透水后盖上透明塑料薄膜，以维持湿度。20～30天后插条会生根和长出新芽，此时即可上盆种植。由于扦插苗日后生长常不整齐，高矮不一，因此观赏效果远不如播种苗。

苋科

鸡冠花

市场价位：★☆☆☆☆
栽培难度：★★★☆☆
光照指数：★★★★★
浇水指数：★★★★★
施肥指数：★★★☆☆

高手秘诀

由播种到开花需 60~80 天。栽培用土宜用肥沃的园土或粒状花泥，也可以用通用花卉培养土。给予充足的阳光，每天浇水 1~2 次，每周施 1 次稀薄液肥。由于多数鸡冠花单朵供人观赏，因此生长期无需摘心。开花时停止施肥。花期过后植株会自然枯萎，此时可从花穗中采取种子。

高手支招

问：穗冠花和鸡冠花有什么区别？

答：穗冠花的花序是穗状花序，与冠状花序的鸡冠花完全不同。其实鸡冠花是穗冠花的变异品种。

问：鸡冠花应如何播种？

答：通常在夏末秋初播种，在20℃的常温下约经1周种子发芽。谨记播种后无需覆土，因为鸡冠花的种子需要在光的作用下才能发芽长叶。待小苗长出4~5片叶时移栽上盆。

穗冠花

茄科

矮牵牛

市场价位： ★★☆☆☆

栽培难度： ★★★★☆

光照指数： ★★★★★

浇水指数： ★★★★★

施肥指数： ★★★☆☆

高手秘诀

盆栽用土宜用通用花卉培养土。小苗在充足的阳光下约经90天栽培才开花。生长期内每天浇水1~2次，5~7天施肥1次，可用稀释液肥。当植株长到10厘米高时必须摘心，以利于日后多分枝和多开花。

高手支招

问：如何用扦插法繁殖矮牵牛？

答：可在秋凉时期进行。选取粗壮枝条，剪除部分叶片，以3～4节为一段剪取插条，然后将插条斜插入沙床或盆土中。20～30天后插条发根，当插条长出新叶2～3片时可上盆定植。长大后的扦插苗植株开花远不如用播种长大的植株开花多，并且开的花较小，因此此法实用效果欠佳。

问：怎样才能使盆栽矮牵牛在室内耐摆设？

答：把盆栽矮牵牛放于窗台明亮处，每天或隔天浇1次水，确保盆土湿润，以防因水分不足而引起植株失水下垂，导致花蕾未开就干瘪或叶片变黄。当第一批花开败后要立即摘除残花，以促开更多的花。

问：矮牵牛滋生红蜘蛛怎么办？

答：环境通风不良往往是滋生红蜘蛛的原因，因此必须改善通风条件。同时用毒死蜱稀释液进行喷杀，2～3天喷1次，通常喷2～3次即可把红蜘蛛全部杀灭。

十字花科

紫罗兰

市场价位：★★☆☆☆
栽培难度：★★★★☆
光照指数：★★★★★
浇水指数：★★★★★
施肥指数：★★★☆☆

高手秘诀

由播种到开花需 100~120 天。宜用通用花卉培养土或腐叶土栽植。在阳光充足的环境中，每天浇水 1~2 次，7 天施肥 1 次，可用磷钾含量高的稀释液肥。由于紫罗兰是根部分蘖植物，因此生长期内无需摘心便可以从根基部长出小植株。花期过后紫罗兰会自然枯萎死亡，此时采下种子以备来年播种。

问：紫罗兰受菜青虫啃食怎么办?

答：量少时可用手抓除，量多时可用毒死蜱稀释液喷杀，喷 1 ~ 2 次就可以把菜青虫杀完。

问：紫罗兰的叶片黄化脱落怎么办?

答：主要是放置环境过于荫蔽和通风不良所致。解决办法：把盆栽紫罗兰放在窗台明亮处，平时开窗让其接受新鲜空气，并要浇足水，不让盆土过干，这样就可以避免出现这种现象。

堇菜科

三色堇

市场价位：★★☆☆☆

栽培难度：★★★★☆

光照指数：★★★★★

浇水指数：★★★★★

施肥指数：★★★☆☆

高手秘诀

由播种到开花需 10~14 周，如想在春节用花通常须在节前 3 个月播种。栽培用土可用通用花卉培养土。每天浇水 1~2 次，5~7 天施肥 1 次，苗期以氮肥为主，中期以后应施磷钾肥，直至开花为止。花期后植株自然死亡。

问：三色堇如何进行播种繁殖？

答：三色堇种子在完全黑暗环境中才能发芽，因此播种后要覆土并洒透水。在 19 ~ 23℃的条件下经 7 ~ 12 天种子萌芽，待小苗长出 5 片小叶时可上盆定植。

问：为何三色堇花朵发黑腐烂？

答：主要原因是在运输过程中环境热闷，这样盆栽三色堇拿出来浇水后花朵就会发黑腐烂。花腐病也是一个诱因，一经发现，应立即用甲基硫菌灵稀释液喷洒病株，以防病原菌蔓延而感染其他健康植株。

问：怎样才能使盆栽三色堇花开得久？

答：如阳光充足和环境凉爽，则植株上的花朵会此谢彼开，一直到夏季高温期植株才会自然枯萎。注意花期浇水一定要充足，不能让盆土干涸；平时还要及时摘除已开败的残花，以利于新的花朵开出。

秋海棠科

四季秋海棠

市场价位：★★☆☆☆

栽培难度：★★★☆☆

光照指数：★★★★★

浇水指数：★★★★★

施肥指数：★★★☆☆

高手秘诀

可用沙质园土种植，也可用通用花卉培养土种植。充足的阳光和水分是种好四季秋海棠的关键。生长旺季每天浇水 1~2 次，每周施肥 1 次，可用稀释的液肥，直至花蕾出现时停止施肥。四季秋海棠植株开花后生长逐渐变差，直至冬季自然枯萎，完成其一个生命周期。

高手支招

问：四季秋海棠如何进行播种繁殖？

答：宜在 3 月间播种，把细如灰尘的种子均匀撒播于湿沙床或沙盆上，不用覆土，表面盖些干稻草保湿。盆播时盆面应盖上玻璃板，约 1 周后种子萌发。待小苗长到 5 厘米高时可上盆种植。

问：怎样用扦插法繁殖四季秋海棠？

答：选取肉质多汁的老茎，以3～5个节为一段剪取插条，将叶片剪半，然后把插条插入沙床之中，置于半阴环境中，2～3天洒水1次，保持土壤湿润。约20天后插条可生根成苗。

问：怎样避免四季秋海棠叶片枯焦？

答：主要原因是阳光过烈和供水不足。因此，在猛烈阳光照射时，必须浇透水，这样才可以预防这种现象的发生。

凤仙花科

凤仙花

市场价位：★★☆☆☆

栽培难度：★★☆☆☆

光照指数：★★★★★

浇水指数：★★★★★

施肥指数：★★☆☆☆

高手秘诀

可用沙质园土、通用花卉培养土或粒状花泥种植。生长期要给予全日照，每天浇水1~2次，施肥可用稀释液肥，每周1次，直至开花。凤仙花为一年生草花，开花结果后逐渐枯萎死亡，只能收获种子，以备来年播种。

高手支招

问：怎样收集凤仙花的种子？

答：凤仙花的果用手一触，种子即从果壳中弹出，故种子中药名为“急性子”。采集时可用塑料袋把果包住，这样就可把弹出的种子如数收集到。

问：怎样鉴别凤仙花的种子是否成熟？

答：如果凤仙花的种子还处于绿色柔软状态，说明种子未成熟；如果弹出的种子呈褐色且已硬化，说明种子已成熟。

问：怎样防治凤仙花白粉病？

答：此病发生于凤仙花的叶片和嫩梢上，发病时叶面布满白色的粉状物。对此，可用15%三唑酮可湿性粉剂1000倍液或70%甲基硫菌灵可湿性粉剂1000倍液喷洒病株，隔天喷1次，喷3～4次即可控制凤仙花白粉病的病情。喷药前先把已受害的叶片和嫩梢摘除，更显药效。

玄参科

夏堇

市场价位：★★☆☆☆
栽培难度：★★★★☆
光照指数：★★★★★
浇水指数：★★★★★
施肥指数：★★★☆☆

高手秘诀

小苗到开花约需80天。盆栽用土宜选通用花卉培养土或粒状花泥。生长期内每天浇水1~2次，每周施1次稀薄液肥，以满足其迅速生长需要。生长期要摘心数次，以促进多分枝，形成优美植株造型。花期结束后植株会自然枯萎死亡。

问：夏堇是否耐寒？

答：夏堇原产于热带地区的越南，故其耐寒力有限，通常冬季温度下降到10℃以下时会被冻伤或冻死，不过恰好此时夏堇已过花期，正处于自然死亡阶段，因此是否能安全度过冬季已无实际意义。

问：夏堇可以用扦插法繁殖吗？

答：即使可以，扦插苗生长也十分缓慢，不如播种的实生苗生长得快，故不宜用扦插法繁殖夏堇。

问：夏堇叶片泛黄发白原因何在？

答：原因是滋生了红蜘蛛。防治方法：用毒死蜱或三氯杀螨醇稀释液喷洒植株，2天喷1次，喷2～3次即可将匿藏于叶背的红蜘蛛杀灭。

苋科

千日红

市场价位：★★☆☆☆

栽培难度：★★★☆☆

光照指数：★★★★★

浇水指数：★★★★★

施肥指数：★★★☆☆

高手秘诀

通常初春播种到夏季开花，需 40~50 天。宜用沙质园土、粒状花泥、通用花卉培养土栽植。每天浇水 1~2 次，每周施 1 次稀释液肥，以提供其快速生长所需要的养分。千日红通常花期过后就会自然枯萎死亡，只能采收成熟的种子以备来年播种。

问：千日白是否为千日红的变种？

答：千日红有两个变种：一个开白花，即千日白；另一个开深红色花，称千日红莓。它们的生长习性一样，只不过花色不同而已。

千日白

千日红莓

问：千日红如何留种？

答：在千日红花期结束后采下整个花序，捆扎成束，风干或晒干后抖动花枝，收集落下的黑色种子，并装瓶密封，以备来年开春时播种。

菊科

金盏菊

市场价位：★★★☆☆
栽培难度：★★★★☆
光照指数：★★★★★
浇水指数：★★★★★
施肥指数：★★★☆☆

高手秘诀

从播种到开花需 80~120 天。如要其春节开花必须在节前 4 个月播种。宜用肥沃的粒状塘泥或通用花卉培养土种植。小苗上盆后长到 15 厘米高时要摘心 1 次。阳光充足时每天浇水 1~2 次，每周施 1 次稀释液肥，直到其开花。花期过后金盏菊会慢慢枯萎，结束其一个生长周期。

高手支招

问：如何防止金盏菊植株徒长和不开花？

答：给予金盏菊充足的阳光照射，多施磷钾肥，就不会出现植株徒长和不开花现象。

问：如何采收金盏菊的种子？

答：花期结束后，把已开败的头状花序剪下，捆成一束晒干，然后抖出种子，装瓶保存，以备来年播种。

问：怎样才能使金盏菊花开得久？

答：要延长金盏菊花期，除给予充足的阳光和水分外，还要及时剪除残花败叶。必要时在盆面撒些固态复合肥，以补充其开花所消耗的养分，促使植株多长花蕾。如果在室内摆设，应尽量放在窗口光照充足处，保证每天有不少于3小时的阳光照射，这样花才会开得久。

报春花科

四季报春

市场价位：★★☆☆☆
栽培难度：★★★★☆
光照指数：★★★★☆
浇水指数：★★★★★
施肥指数：★★★☆☆

高手秘诀

由播种到开花约需150天。宜用通用花卉培养土或腐叶土栽植，给予充足散射光。每天浇水1次，每周施1次稀释液肥。盛夏季节应避开猛烈直射阳光，以免灼伤叶片和植株。

高手支招

问：四季报春如何进行播种育苗？

答：通常采用撒播方法，播后不用覆土，以利种子萌发。如盆播，可在盆面盖上玻璃板保湿。在气温15～20℃的半阴环境中，约7天后种子发芽。当小苗长出2～3片真叶时可上盆种植。

西洋报春

问：四季报春和西洋报春无花时如何辨认？

答：四季报春的叶呈长卵圆形，密生腺体；而西洋报春的叶呈倒卵形，基部有翼状的叶柄。

问：四季报春花梗上出现蚜虫怎么办？

答：量少时可用湿布把其抹死，量多时可用毒死蜱稀释液或烟叶浸水液喷洒杀灭。

马鞭草科

美女樱

市场价位：★★☆☆☆
栽培难度：★★★★☆
光照指数：★★★★★
浇水指数：★★★★★
施肥指数：★★★☆☆

高手秘诀

从小苗到开花约需90天。盆栽用土可用粒状花泥，也可以用通用花卉培养土。生长期给予充足的水分和阳光，每天浇水1~2次，每周施肥1次，可用磷钾含量高的稀释液肥。摘心3~4次，以使植株多分枝和多开花。

问：怎样用扦插法繁殖美女樱？

答：可在春季选取粗壮枝条，以4～6节为一段剪取插条，然后将插条斜插于湿沙床中，保持环境温暖、潮湿。约15天后插条发根，当插条长出2片叶片时可上盆栽植。扦插苗开花会比播种苗早。

问：室内放置盆栽美女樱要注意哪些事项？

答：应选光照较强的窗台放置，室内放置时浇水可2～3天1次，以防浇水太勤太多而泡烂根系，导致植株死亡。

问：美女樱只长叶而不开花怎么办？

答：如果放置地点光照不足，美女樱植株就会出现徒长现象，只长叶而不开花。为了让其植株多开花，每天应给予4～5小时的阳光照射，并多施磷钾肥。

唇形科

一串红

市场价位： ★☆☆☆☆

栽培难度： ★★★★☆

光照指数： ★★★★★

浇水指数： ★★★★★

施肥指数： ★★★☆☆

高手秘诀

由播种到开花约需 100 天。盆栽用土可用沙质园土、粒状花泥、通用花卉培养土。给予充足的阳光，每天浇水 2 次，5~7 天施 1 次稀释液肥。摘心 2 次，以利于植株多分枝。花期过后植株自然枯萎死亡，此时应采下种子以备来年播种。

问：怎样用扦插法繁殖一串红?

答：如果用扦插法繁殖一串红必须在秋凉后进行，选用已长硬的茎段，约 8 厘米长一段剪取插条，然后将插条斜插于湿沙中。约 1 个月后插条发根并长出新芽，当新芽长出 2 片叶时移栽上盆。

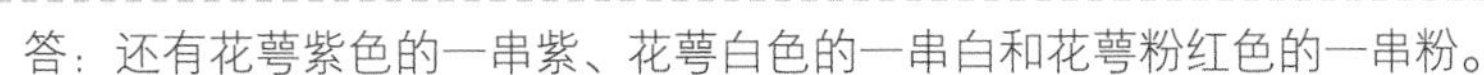

问：一串红花朵除了红色还有其他颜色吗?

高手支招

答：还有花萼紫色的一串紫、花萼白色的一串白和花萼粉红色的一串粉。

一串紫

一串白

一串粉

菊科

瓜叶菊

（富贵菊）

市场价位：★★☆☆☆
栽培难度：★★★★☆
光照指数：★★★★★
浇水指数：★★★★★
施肥指数：★★★☆☆

高手秘诀

栽培用土可用通用花卉培养土或排水良好的沙壤土，如粒状塘泥或花泥。生长旺盛期内每天浇水 1~2 次，每周施 1 次稀释的化肥或农家肥。盆栽瓜叶菊一般在春季开花，花期可长达 6 周，花期结束后植株自然枯萎死亡。

问：瓜叶菊如何进行播种繁殖？

答：通常在每年 8 月施行。用细沙混合少量泥炭作为基质，把细小的种子均匀撒播于基质表面。播后不覆土，让种子在见光的环境中发芽。在 15 ~ 25℃的气温下播后经 10 余天种子萌发，待小苗有 2 ~ 3 片真叶时可移植上盆。随着生长的加快，须及时换上更大的花盆。

问：瓜叶菊叶片为何腐烂？

答：原因通常是施液肥时把肥液溅于叶片上，肥液中的水分蒸发后肥液浓度提高，把叶片沤烂。因此，施肥时要用一个细嘴水壶，伸入叶丛下面，把肥液均匀地灌入盆土中，这样就不会发生这种现象。

问：怎样避免瓜叶菊叶片萎蔫？

答：瓜叶菊是一种快速生长的植物，植株一旦失水，叶片就会出现萎蔫下垂现象。阳光猛烈的时候容易出现这种现象，要特别注意浇水，浇水量一定要充足。

菊科

万寿菊

市场价位：★☆☆☆☆
栽培难度：★★★★☆
光照指数：★★★★★
浇水指数：★★★★★
施肥指数：★★★☆☆

高手秘诀

由播种到开花一般需 70~90 天。盆栽用土宜用肥沃的园土或粒状花泥，也可以用通用花卉培养土。给予充足光照，每天浇水 1~2 次，每周施肥 1 次，可用稀释液肥。播种后小苗高约 5 厘米时上盆种植。摘心 2~3 次，以利于植株多分枝和矮化。花期过后植株自然干枯死亡，采收种子以备明年播种。

高手支招

问：如何防止万寿菊叶片枯萎？

答：叶片枯萎的原因除病害外，更多的是平时浇水不足，尤其是阳光猛烈的日子，更容易导致叶片枯萎。因此，浇足水是防止叶片枯萎的关键。

问：万寿菊可以用扦插法繁殖吗？

答：一般不用扦插法繁殖万寿菊。因为扦插苗生长发育慢而实生苗生长较快，因此采用扦插法繁殖意义不大。

问：万寿菊出现红蜘蛛怎么办？

答：除要改善通风条件外，可用氧乐果或三氯杀螨醇稀释液喷杀，约3天喷1次，通常喷2～3次就可把叶背面的红蜘蛛完全杀灭。

茄科

观赏辣椒

市场价位：★★☆☆☆

栽培难度：★★★★☆

光照指数：★★★★★

浇水指数：★★★★★

施肥指数：★★★☆☆

高手秘诀

要用排水良好的沙质园土，粒状花泥、塘泥，通用花卉培养土种植。观赏辣椒为一年生草本植物，在播种出苗后可将苗移到花盆中种植。给予充足的阳光和肥料。每天浇水1次，每周施肥1次，可用稀释液肥。为了让植株多结辣椒，除了多施磷钾肥外，还要对植株进行多次摘心，以促使其多分枝、多开花、多结果。

高手支招

问：盆栽观赏辣椒结果少怎么办？

答：主要是养分或光照不足所致。解决方法：在盆栽时施足基肥，并给予充足光照，多施磷钾肥，日后定会结出丰硕果实。

问：盆栽观赏辣椒为何会集红绿果实于一株？

答：这是植株挂果期不同所致。结果早者率先成熟并变红，而后结果者则未成熟而呈绿色。这种结果习性使一株观赏辣椒上的果实色彩更为丰富，更加美观。

问：观赏辣椒的果可食用吗？

答：观赏辣椒是普通食用辣椒的一个品种，其口味比食用辣椒要辣，用白醋或甜醋渍后食用味道更佳。

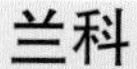

兰科

蝴蝶兰

市场价位：★★★★☆

栽培难度：★★★☆☆

光照指数：★★★☆☆

浇水指数：★★☆☆☆

施肥指数：★★☆☆☆

高手秘诀

栽培基质可用水苔、树皮、木炭、树蕨根，也可用厚树皮或树蕨板附植。需要较高空气湿度。温度要适中，太冷和太热均不宜，以20~30℃为好，冬季要入室越冬。施肥要薄肥勤施。冬季和花期暂停施肥。

高手支招

问：为什么新买的蝴蝶兰花蕾未开就脱落？

答：这可能是买入了受冻害的蝴蝶兰。蝴蝶兰是一种热带兰花，其生长适温为20～30℃，冬季温度应维持在15℃以上，否则易受冻害，导致落蕾和落叶，严重时整株腐烂死亡。因此，在北方寒冷的农历新年购买蝴蝶兰时应从有保温条件的室内店铺购买，不要图便宜而从露天的地摊购买，否则买回的多为已受冻害的兰株，携回家后植株落蕾就在所难免了。

问：蝴蝶兰第二次开花为何会落蕾？

答：在室温不足10℃的环境中摆放，兰株会受冷害的侵袭而落蕾；蝴蝶兰第一次开花后，营养消耗过大，导致养分供给不足也会引起落蕾。因此，第二次开花时应保持环境温度15℃以上，给予充足的光照，现蕾时及时用磷钾肥补充养分，这样就可避免落蕾现象的发生。

问：蝴蝶兰应怎样浇水？

答：养好蝴蝶兰，掌握“不干不浇，浇必浇透”的原则，不能过频浇水，3~4天浇1次水即可。冬季要减少到每周1次，切忌天天浇水，否则栽培基质过湿会造成烂根。

兰科

大花蕙兰

市场价位：★★★★★
栽培难度：★★★★☆
光照指数：★★★☆☆
浇水指数：★★☆☆☆
施肥指数：★★☆☆☆

高手秘诀

栽培基质可采用种植国兰的植金石或专用培养土。植株喜凉忌热，半阴、潮湿环境最好。夏季温度不宜超过30℃，否则难以开花。如果盛夏将其放入有冷气房间的光照充足处，让其与人共享清凉，将有利于花芽分化和开花。施肥于生长期进行，要做到薄肥勤施，切忌施浓肥。

高手支招

问：华南地区如何种好大花蕙兰？

答：在华南地区种好大花蕙兰，调好温度是关键。由于大花蕙兰喜凉怕热，温度一旦超过其生长适温，达到30℃以上，大部分大花蕙兰就会显得无精打采，虽然死不了，但元气大伤。在华南地区最重要的是降温，在酷热的盛夏季节尽量将其置于凉爽通风之处，可用风扇、水雾降温，温度不宜超过30℃。最好的办法是将其放入有冷气房间的明亮处，9月以后保持日夜温差8℃，时间1个月，这样可促进花芽分化。做好温度管理，再加上精心的养护，如适时淋水和施肥等，华南地区也能种好大花蕙兰。

问：剪除花已凋谢的花秆有什么好处？

答：花已凋谢的花秆会继续消耗兰株养分，故一般花谢后立即从兰株基部剪除花序，以利于发新芽。

兰科

卡特兰

市场价位：★★★★★

栽培难度：★★★★☆

光照指数：★★★☆☆

浇水指数：★★☆☆☆

施肥指数：★★☆☆☆

高手秘诀

栽培基质可用木炭、椰子壳碎块、树蕨根、碎砖混合植料，也可用厚树皮或树蕨板附植。全年保持环境高温高湿，给予充足的散射光有利于开花。施肥以薄肥勤施为好，每月根外追肥 1 次对促进开花十分有利。冬季要入室避寒，气温维持在 15℃以上有助于来年植株生长和开花。

高手支招

问：怎样让卡特兰开花？

答：要让卡特兰开花，增加光照量和冬季保持环境高温高湿是关键。卡特兰只长叶而不开花，主要是栽培环境过于荫蔽和全年积温偏低之故。因此，除夏季要适当遮阴外，其他季节应尽量给予光照，每天最好有 3 ~ 5 小时的阳光照射。同时，要解决全年积温不足的问题，可在冬春季节温度低于 15℃时给予适当加温，将温度控制在 25℃左右。此外，增施磷钾肥，每半个月用稀释 1000 倍的磷酸二氢钾或花宝溶液喷洒兰株，有助于促进花芽分化。

问：卡特兰开花后的老株可用于繁殖吗？

答：卡特兰成熟的假鳞茎开花后就不会再开花，可把一些已开过花的老株切下用于繁殖。具体方法：先用稀释10000倍的吲哚丁酸溶液浸泡老株根部约10分钟，然后用湿水苔包裹根部，并装入一个透明塑料袋中，维持环境高温高湿。过1～2个月其基部会长出新的气根，并形成小芽。当小芽叶片形成后可拆除塑料袋，将带新芽的老株上盆栽植，1年左右便会长成新株。在新株生长过程中，老株慢慢萎黄，最终被新生的植株取代。

兰科

春石斛

市场价位：★★★★★
栽培难度：★★★★☆
光照指数：★★★☆☆
浇水指数：★★☆☆☆
施肥指数：★★☆☆☆

高手秘诀

栽培基质用木炭、椰子壳碎块、树蕨根、碎砖均可，也可用树蕨板或厚树皮附植。生长期保持环境高温高湿和半阴。冬季减少浇水或暂停浇水，并给予5℃左右的低温条件，以利于其花芽分化；否则得不到低温干旱的刺激，植株只长叶而不开花。春石斛的茎肉质，具有良好的贮水能力，故日常浇水适中就可以了。夏秋季生长期内每周用稀释1000倍的磷酸二氢钾、尿素溶液喷洒兰株1次，直至秋末冬初落叶休眠时暂停，到春季开花时恢复正常管理。

问：春石斛茎上生长出小植株怎么办？

答：待其长大后从母株摘下另盆栽植，否则留于母株上会消耗母株养分，不利于母株日后生长和开花。

问：已开过花的春石斛为何不会再开？

答：通常已开过花的春石斛的茎会慢慢老化死亡，取而代之的是由基部长出的新茎。只要养好新出的茎叶，在生长季节让它充分吸收养分和水分，在冬季落叶期创造一个干旱、冷凉的环境，植株就会再开花。

问：怎样区别春石斛和秋石斛？

答：春石斛的花序生于叶腋间，而且大多数春季开花；秋石斛的花序生于茎顶，通常在秋季开花。不管是春石斛还是秋石斛，它们开过花后的老茎均不会再开花，而被基部长出的新茎取代。

兰科

文心兰

市场价位：★★★☆☆
栽培难度：★★★☆☆
光照指数：★★★★☆
浇水指数：★★★☆☆
施肥指数：★★☆☆☆

高手秘诀

栽培基质可用水苔、椰子壳碎块。要让文心兰开花，充足的光照是关键。可以将其置于全日照环境下栽培，保证环境高温高湿，并浇足水，不让植料被晒干，这样花芽容易分化。冬季温度要维持 10℃左右，并减少浇水，以利于越冬。生长期内每隔半个月施 1 次液肥，也可以 2~3 个月撒 1 次固态复合肥。冬季寒冷期暂停施肥。

问：盆栽文心兰是否要换盆？

答：植株过大或水苔用久而腐烂时就要换盆，时间宜在春秋两季。换盆时要注意给新芽的生长留一定空间，否则新芽受挤压而不利于其生长。

问：文心兰花朵为何出现很多黑斑？

答：主要原因是环境空气湿度过高，兰株患了花腐病。解决方法：降低空气湿度，并用甲基硫菌灵稀释液喷洒病株。花枝一旦出现花腐病，应把其剪除丢弃，以免感染其他花朵。

兰科

兜兰

市场价位：★★★★☆

栽培难度：★★★★☆

光照指数：★★★☆☆

浇水指数：★★☆☆☆

施肥指数：★★☆☆☆

高手秘诀

兜兰的根肉质，必须用疏松透气的栽培基质种植，可用种植国兰用的兰石、木炭和树蕨根混合植料。浇水不宜过多，尤其是寒冷的冬季，生长期内每隔1~2天浇1次已足够。半阴、潮湿环境有利于生长，忌暴晒。施肥可用固态复合肥，2个月撒1次，或每月施1次稀释液肥（肥料可用饼肥，也可以用化肥）。

问：兜兰落蕾是怎么一回事？

答：多数原因是根系受伤害，尤其是幼嫩的根尖部分，在分盆或种植时容易受伤。根部腐烂也会导致落蕾。

问：兜兰开花后应如何管理？

答：兜兰是一种合轴型兰花，老株开花后就会在基部萌生小植株，而已开过花的老株就不会再在原位长出花秆。因此，为了减少养分消耗，应及时将残留的花秆从基部剪除，以利于母株多产生侧芽。每周施肥1次，并在秋季创造日夜温差10℃的条件，有利于花芽分化。

问：冬季如何防止兜兰叶心腐烂？

答：冬季如果浇水时不注意，把水残留在兜兰叶基部，此时应用药棉或吸水力强的卫生纸把水吸干，这样可有效地预防叶心腐烂现象的发生。

问：怎样预防兜兰软腐病的发生？

答：环境高温高湿和不透风时易发生此病，一旦发生则难以治疗。因此，在平时要确保环境通风透气，并每月喷1次甲基硫菌灵稀释液予以预防。

兰科

春兰

市场价位： ★★★★☆

栽培难度： ★★★★★

光照指数： ★★★☆☆

浇水指数： ★★☆☆☆

施肥指数： ★★☆☆☆

高手秘诀

栽培基质以疏松透气的兰石、仙土、植金石、腐叶土为佳。喜冷凉而忌酷热，在半阴、潮湿和通风良好的环境中生长较好。冬季需要一个较低的温度刺激（春化作用），才容易开花。浇水在春夏多浇，秋冬少浇。春夏生长期内每隔半个月追肥 1 次。栽培环境闷热易发生炭疽病。

问：春兰的叶片变黄怎么办？

答：通常春兰的叶片变黄是阳光暴晒所致，也就是说叶片是被烈日晒黄了。对此，应将盆栽春兰移至半阴处栽培，避免烈日的照射，尤其是夏季直射的阳光。此外，茎腐病或细菌性软腐病也会导致黄叶的出现。如由茎腐病等病害引起叶片变黄，则要及时翻盆，剪除烂根，并用杀菌农药消毒后用新植料重新栽植。

问：为何说养兰先养根？

答：因为兰株只有根好，苗才会壮。要根据兰花喜通风畏闷热、喜滋润而畏滞湿、喜清洁而畏污染、喜阴凉而畏酷暑等特点，选择通气、透水、清洁、疏松、保湿和保肥的基质，这样才能培育出壮根，养出好兰。

问：春兰春化应怎样实施？

答：春兰春化是指春兰生殖生长期间必须要经历低温阶段，才能完成花芽和花器的发育。它对春兰开花具有重要作用。一般而言，小雪至大寒期间是春兰的最佳春化时期，这一时期的温度最好控制在0～12℃，春化时间一般不能少于1个月。

兰科

墨兰

市场价位： ★★★☆☆

栽培难度： ★★★★★

光照指数： ★★★☆☆

浇水指数： ★★☆☆☆

施肥指数： ★★☆☆☆

高手秘诀

栽培基质可用植金石、石砾、塘泥块、树皮、木炭混合植料。墨兰喜半阴和凉爽通风环境，北方或江南有霜雪地区冬季要入室过冬。通风不良易发生炭疽病和介壳虫。生长期内每月施 1 次固态复合肥，平时用磷酸二氢钾喷洒叶片进行根外追肥，有利于兰株开花和提高耐寒力。

高手支招

问：墨兰开花后花杆是否要剪除？

答：墨兰的开花结果要消耗许多养分，而且会延迟新芽的发芽期。因此，一些以赏叶为主的墨兰品种如达摩、大石门、万代福等，可以在其花序出现时将其从基部剪除，以便其养分集中供给新芽，满足其生长所需，这样日后长出的新芽会更粗壮。其他种类的国兰也一样。

问：墨兰的叶片出现黄斑怎么办？

答：导致墨兰叶片出现黄斑的病虫害有炭疽病、介壳虫、红蜘蛛等，有时阳光猛烈照射也会导致叶片出现黄斑。对此，应该对症下药。如果黄斑是由炭疽病所致，可用咪鲜胺锰盐稀释液喷洒病株，也可用点燃的香烟烧烤病斑，以达到防治效果。如果黄斑是由介壳虫或红蜘蛛所致，就要立刻用氧乐果稀释液喷杀，隔天喷1次，2～3次后可将害虫消灭。至于阳光暴晒导致的黄斑，则应采取遮阴措施。

兰科

建兰

市场价位：★★★☆☆

栽培难度：★★★★☆

光照指数：★★★☆☆

浇水指数：★★☆☆☆

施肥指数：★★☆☆☆

高手秘诀

栽培基质可选用植金石、仙土、腐叶土、树皮混合植料。生长期内每半个月施1次或喷1次稀释1000倍的磷酸二氢钾，有利于开花。浇水要遵守“不干不浇、浇则浇透”的原则，冬季随着气温的下降而逐渐减少浇水次数。半阴、高湿环境有利于兰株生长，光照充足有利于植株开花。

问：怎样使建兰多长新芽？

答：通常建兰会在春季或秋季萌发新芽。要让建兰多长新芽，培育壮苗是最关键的。此外，也可适当用一些植物生长调节剂，如赤霉素等。在新芽初露时按所要求比例稀释，喷洒于兰头（假鳞茎），2天喷1次，同时多喷叶面肥。一般喷3～5次就可以使1个兰头萌生2～4个新芽。注意，植物生长调节剂使用量不可过多，否则适得其反。

问：建兰有的兰株变黄后死亡怎么办？

答：通常，这种现象多半是根部腐烂所致（老苗自然枯死除外）。如果是整株死亡，说明该兰株的根已完全腐烂。其“罪魁祸首”多半是茎腐病，有时是细菌性软腐病、白绢病等。防治这些病的最好方法为，种兰前先消毒植兰基质。一旦发现有此病症的兰株，立即换盆，弃去发病株以及原有基质、兰盆，用噁霉灵等农药稀释液浸泡残留下的健康株15分钟，然后取出晾干后用新基质上盆。也许能保住未发病株。

石蒜科

君子兰

市场价位：★★★☆☆

栽培难度：★★★☆☆

光照指数：★★★☆☆

浇水指数：★★★☆☆

施肥指数：★★☆☆☆

高手秘诀

栽植位置宜选通风良好的半阴处。生长期内 2~3 天浇 1 次水，施肥可用固态复合肥，2 个月施 1 次。冬季温度应维持在 10℃以上，并减少浇水。夏季要创造一个凉爽的环境，对日后生长和开花有利。

高手支招

问：如何使君子兰年年开花?

答：对已开过花的植株要及时剪去花秆，以防花朵结果消耗过多的养分，影响来年继续开花。开花以后还要换土一次，尽量保持盆土疏松和肥沃，以利于根系的伸展和植株的生长。君子兰是一种怕热喜凉爽的植物，夏季要尽量少浇水，并置于通风之处，维持温度在 30℃以下。夏末秋初孕蕾期恢复正常浇水和施肥，多施磷钾肥，以利于植株花芽生长，促使其多开花、开大花。

问：怎样使君子兰叶片长得整齐?

答："侧视一条线，正视如开屏。"这是对君子兰叶片美的写照。君子兰是耐阴花卉，家庭多种在阳台、窗台等处。这些地方的光线往往从一个方向射入。由于光对叶片伸长的抑制作用是向光的一侧比背光的一侧强，新生的叶片生长时自然而然斜向阳光较强的一侧，而老化的叶片已不再伸长，于是新老叶片就不在一个平面上，观赏价值大大降低。解决办法：每隔几天便将君子兰植株的朝向调整一次，使植株两侧向光和背光机会相同，这样新生叶片就不会向一侧倾斜，便可保持"侧视一条线"的姿态。

报春花科

仙客来

市场价位：★★★☆☆

栽培难度：★★★★☆

光照指数：★★★★★

浇水指数：★★★☆☆

施肥指数：★★☆☆☆

高手秘诀

盆栽用土宜选排水良好的腐叶土或通用花卉培养土。阳光充足和空气清新有助于植株生长。生长旺盛期维持土壤湿润，2~3 天浇 1 次水，15 天施 1 次稀释液肥。夏季温度超过 25℃时植株生长放缓，此时要减少浇水和暂停施肥，直至秋凉时恢复正常管理。

问：仙客来花期过后应怎样管理？

答：花后其叶色会自然变黄，此时可先把盆倾倒，以利盆土干燥。过一段时间后，待块茎中心有新芽出现时重新换土，然后置于阳光充足处栽植就可以了。

问：怎样避免盆栽仙客来花朵未开就枯萎了？

答：这种现象是环境过阴和闷热所致，也可能是浇水过多而导致烂根造成的。预防办法：为避免前者原因导致“枯蕾”，在将其搬到室内摆设时放于窗台等明亮通风处；为避免后者原因导致“枯蕾”，适当减少浇水。

问：仙客来如何进行播种繁殖？

答：在秋季天气变凉的时候播种较好。由于仙客来种子萌发需要黑暗无光的条件，故播种后应在盆面蒙上黑布。其种子在黑暗和湿沙中萌发，在15～20℃的适温下，经40～50天种子发芽长叶。此时可打开黑布，让小苗多见光照。一般在小苗长出4～5片叶时移植上盆。

百合科

风信子

市场价位：★★★☆☆
栽培难度：★★★★☆
光照指数：★★★★★
浇水指数：★★★☆☆
施肥指数：★★☆☆☆

高手秘诀

宜用排水良好的沙质土或腐叶土种植，也可用通用花卉培养土种植。宜选阳光充足之地栽种。每天浇 1 次水，10 天左右施 1 次稀释液肥，以促使日后开出更多的花。带花芽的鳞茎上盆栽植约 50 天后开花。由于栽培环境条件所限，开过花后的风信子在家居环境下难以再开，故一般开花后即予以丢弃，来年再买鳞茎。

问：风信子的花序夹于叶中间伸不出怎么办？

答：主要是养分不足或花芽分化期根系受伤所致。也可能是阳光较猛烈，导致花秆太短所致。解决办法：把其移于荫蔽处几天，促使花秆伸长，从叶丛中伸出。

问：为什么风信子开花后过 1 个月又会开花？

答：一些较壮的鳞茎第一次开花后，过1～2个月又会伸出一个花朵稀疏的较小花序而再开花，这是自然花期内正常开花，并非栽培上出什么问题。

问：风信子根腐烂怎么办？

答：可将其浸入百菌清稀释液中约1小时，捞起后用刀刮除已腐烂的根，并在其创口上撒一些木炭粉，1～2天后再重新上盆种植。

苦苣苔科

大岩桐

市场价位：★★★☆☆
栽培难度：★★★★☆
光照指数：★★★☆☆
浇水指数：★★★☆☆
施肥指数：★★☆☆☆

高手秘诀

盆栽用土宜用排水和透气良好的腐叶土，也可用通用花卉培养土。生长期内1~2天浇水1次，10~15天施1次稀释液肥，施肥时切忌肥液溅到叶面，否则会使叶片腐烂。夏季大岩桐进入休眠期，此时可减少浇水，保持盆土稍湿状态，并且暂停施肥，直至秋凉植株夏眠结束时恢复正常管理。大岩桐怕冷，冬季温度要维持在10℃以上，否则易被冻伤或冻死。

高手支招

问：大岩桐球茎腐烂怎么办？

答：将植株从盆中倒出，把块茎腐烂部分刮除，并用清水洗净，然后在伤口敷上炭粉，晾1～2天，待创口干燥后用新土重新栽种。

问：大岩桐如何进行叶插繁殖？

答：挑选叶厚多汁的健康叶片，用手将其从植株上摘下，然后直接插入盆土中或沙床中，保持环境半阴、潮湿。约30天后会从叶柄处长出芽，待芽长出2～4片叶时移栽定植。

大岩桐叶插繁殖

鸢尾科

唐菖蒲

（剑兰）

市场价位： ★★☆☆☆
栽培难度： ★★★★☆
光照指数： ★★★★★
浇水指数： ★★★★☆
施肥指数： ★★★☆☆

高手秘诀

栽培用土宜选排水良好的沙质土或粒状花泥。1~2 天浇水 1 次，生长期内每周施肥 1 次，将稀释液肥直接施于盆土中。阳光充足是种好唐菖蒲的关键。过阴和通风不良易发生病虫害，也容易导致植株徒长和不开花。

高手支招

问：为什么唐菖蒲的叶尖干枯？

答：主要是盆土过干或浇水不足所致，也可能是盛夏直射阳光过烈，叶片被晒伤所致。但叶尖干枯并不影响唐菖蒲开花，剪下瓶插时把枯尖的叶片剥去就不影响观赏了。

问：怎样判别唐菖蒲种球的好坏？

答：唐菖蒲种球质量的好坏，直接关系到栽培的成败。通常可根据球茎的形态进行挑选：以中等大小的扁球形球茎为好。如果球茎太扁平，说明其已衰老；而球茎过大，发芽虽多，但开出的花质量不佳。球茎应选无褐色或黑色病斑、无霉点与腐烂、无虫咬过的；球茎上的芽眼与底部应无损伤，否则会影响发根和发芽。

此外，花的颜色与球茎的颜色有一定的相关：开黄色或橙色花的品种，球茎基部呈黄色；开红色或粉红色花的品种，球茎基部呈粉红色；开白色或淡色花的品种，球茎的色泽较淡。

优质唐菖蒲种球

百合科

郁金香

市场价位：★★★☆☆
栽培难度：★★★★☆
光照指数：★★★★★
浇水指数：★★★★★
施肥指数：★★☆☆☆

高手秘诀

栽培用土宜用通用花卉培养土，种植时施上基肥对日后生长有利。充足的阳光和水分是种好郁金香的关键，光照不足会使植株软弱徒长和开小花。每周施肥1次，将稀释液肥直接浇灌于盆土中，至花蕾出现时停止施肥。如果温度在20℃左右，由鳞茎种植到开花约需1个月。

问：郁金香的花为何未开先落瓣？

答：这多半是买了那些放入冷库中推迟花期的盆花。由于正常情况下郁金香早于春节开花，因此会被花贩放入冷库中冷藏，以推迟其花期。一旦购入这类“冷藏郁金香”，就会出现花未开先落瓣的现象。

问：为什么种出来的郁金香无花蕾出现？

答：主要原因是购了那些未经冷藏处理而花芽已分化的鳞茎。郁金香种球要经历一段时间的冷刺激，花芽才能发育，未经冷藏处理的鳞茎种植后就会出现无花蕾的情况。因此，在购买时要问清楚郁金香鳞茎是否已经过冷藏处理。

问：开花后的郁金香经栽培后还会再开花吗？

答：在我国适于种植郁金香的地区有云南、新疆、西藏等，这些地方夏无暑热。如果将开花后的郁金香种球种植在上述地区，来年还会继续开花。其他地区，通常春节开过花的郁金香种球再种难以开花，故多被丢弃。

石蒜科

朱顶兰

（朱顶红）

市场价位：★★☆☆☆
栽培难度：★★★☆☆
光照指数：★★★★☆
浇水指数：★★★☆☆
施肥指数：★★☆☆☆

高手秘诀

朱顶兰喜肥，栽培用土可用肥沃的塘泥，也可以用通用花卉培养土。浇水视天气而定，一般2天1次。在其生长期内每月施1次稀薄液肥，也可以3个月施1次固态复合肥。秋末冬初有一个短暂的休眠期，此时应暂停浇水，以刺激花芽分化，有利于春季开花。

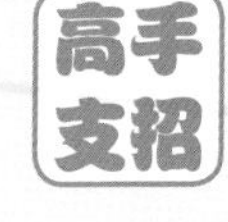

问：朱顶兰花期过后应怎样管理？

答：剪去花秆，仅留下叶片。夏季要加强水肥管理（此时要注意浇足水，不要使土壤过干），好让鳞茎长大。

问：朱顶兰开花时出现夹箭现象怎么办？

答：导致其开花时出现夹箭现象的原因是秋末冬初花芽形成期植株得不到充足的养分。解决办法：在其营养生长期给予充足的水分、养分和光照，注意不让盆土过干。这样，植株粗壮、鳞茎硕大，所开出的花就不容易出现夹箭现象。

石蒜科

水仙

市场价位：★★☆☆☆
栽培难度：★★☆☆☆
光照指数：★★★★★
浇水指数：★★★★★
施肥指数：★☆☆☆☆

高手秘诀

水养期需要充足阳光，否则植株徒长，长出的叶片和花秆软弱。如果在水养期加入一些富含磷钾的稀释液肥，会使花秆更粗壮。通常在 20℃的气温下，由下水种植到开花需 25 天左右。

高手支招

问：水仙和洋水仙有何异同？

答：相同之处在于它们都是球根花卉，花都可在农历新年开放。不同之处是水仙为多花型水仙，花较小，花瓣白色；而洋水仙为单花型水仙，花朵较大，黄色。在栽植方面，水仙可水养和泥栽，而洋水仙只作泥植。

洋水仙

问：开过花的水仙头再种还会开花吗？

答：通常水仙开花后已消耗掉水仙头内大量养分，在家居环境条件下种植这种水仙头，不管怎样浇水和施肥，水仙头都无法分化出花芽而再次开花。

问：水仙头发黑怎么办？

答：水仙头中有许多黏液，在下水的第一天，应该浸泡一夜，然后将渗出的黏液洗刷除净。水仙头的黏液中含有丰富的营养成分，极易感染细菌而导致鳞茎部分或全部发黑；但一般不会影响生长和开花，只是品相不佳而已，把已发黑的那层皮剥去，即露出里面白净部分。

百合科

百合

市场价位：★★★☆☆
栽培难度：★★★★☆
光照指数：★★★★★
浇水指数：★★★☆☆
施肥指数：★★☆☆☆

高手秘诀

疏松透气的腐叶土或花泥适宜作为百合的栽培基质。盆栽百合宜放置在光照充足处；若光照不足，植株只长叶而不开花。生长期内2~3天浇水1次，2个月撒1次磷钾含量高的固态复合肥于盆土上。夏季酷热期植株进入休眠期，此时要减少或停止浇水，直至入秋植株恢复生长时再浇。

高手支招

问：百合种球为什么要深植？

答：百合是一种深根性球根花卉，花盆常选用高身花盆，种植时应先在盆底放入一层碎瓦或陶粒，然后放入半盆泥土，再放入百合的鳞茎（通常3～4个），最后加满泥土。百合之所以要深种，其原因是百合鳞茎与其他鳞茎不同，它的须根会从上下两处长出。往下长出的须根由根部产生，主要起固定作用；而往上长出的须根由埋在土中的茎产生，主要起吸收水分和养分作用。

问：开花后的盆栽百合应如何处理？

答：百合开花后叶片变黄时正值夏季休眠期，此时把已开花的百合从花盆中倒出，去除枝叶，留下鳞茎，把其埋入干沙之中，待秋凉时重新上盆种植。

问：百合与洋百合怎么区分？

答：百合一般是指我国原产的品种，如麝香百合、淡紫百合等，它们的花呈喇叭状，通常呈白色或淡紫色；而洋百合是指那些花形呈钟状或杯状，花色多为橙红、白、淡黄等色的舶来品，它们多为人工杂交选育而成的品种。

洋百合

天南星科

马蹄莲

市场价位：★★★☆☆
栽培难度：★★★☆☆
光照指数：★★★★★
浇水指数：★★★★★
施肥指数：★★☆☆☆

高手秘诀

栽培用土宜用较黏重的花泥。喜湿润和阳光充足环境，光照不足时只长叶而不开花。浇水1~2天1次，确保土壤湿润。15天施肥1次，这样植株粗壮且易开花。马蹄莲怕热，夏季温度不宜超过30℃。

高手支招

问：室内盆栽马蹄莲只长叶而不开花怎么办？

答：阳光不足、泥土过干、肥料不足，均有可能导致马蹄莲不开花。如盆栽马蹄莲置于室内时间过长而不开花，要将其移至室外阳光充足处，保持泥土湿润，施足肥料（特别是磷钾肥），这样马蹄莲就会开花。

彩色马蹄莲

问：彩色马蹄莲是否用白花马蹄莲染色形成的？

答：彩色马蹄莲是真色彩而非染色形成的。一盆里红、黄、白、紫等色彩的花同时出现，是不同花色的品种混合栽培的结果。

问：如何采收和贮藏马蹄莲种球？

答：种球收获的最佳时间是叶片枯黄以后，此时将种球从土中挖出，把泥土清除干净，放在通风处。晾干的种球经消毒后放入冰箱中贮藏（温度8～10℃）。贮藏3个月以后即可再次种植。如果管理得当，种植5～7个月后可重新开花。

秋海棠科

茶花秋海棠

市场价位：★★★☆☆
栽培难度：★★★★☆
光照指数：★★★★☆
浇水指数：★★★☆☆
施肥指数：★★☆☆☆

高手秘诀

盆栽用土宜用透气性和透水性良好的腐叶土或通用花卉培养土。浇水视天气而定，约2天1次，休眠期减少浇水。生长期内7天施肥1次，花期和休眠期要暂停施肥。半阴、通风环境有利于植株生长。

高手支招

问：怎样使茶花秋海棠开好花？

答：茶花秋海棠花大色艳，是一种冬季畏寒、夏季忌热的草本花卉。要让盆栽茶花秋海棠开好花，关键是要注意保持环境的通风透气，做好温度管理工作（冬春季节温度维持在15℃以上，夏秋季节温度维持在25℃左右），并给予半阴环境。每周施肥1次，将稀释1000倍的液肥淋于盆土中。在春秋两季开花盛期，及时将残花剪去，以促使茎下部腋芽再萌发。一般剪后经10天，在嫩枝顶部又能再现花蕾，并再次开花。

问：刚买的茶花秋海棠为什么落花落蕾？

答：主要原因是环境条件骤变。在种植场，光照、温度和空气湿度均适宜茶花秋海棠的生长，一旦将其摆放在室内较密闭和光照不足之处，植株一时适应不了，就会落花落蕾。

苦苣苔科

非洲紫罗兰

市场价位： ★★★★☆

栽培难度： ★★★★☆

光照指数： ★★★☆☆

浇水指数： ★★★☆☆

施肥指数： ★★☆☆☆

高手秘诀

宜用通用花卉培养土栽植，2~3 天浇水 1 次，3~4 周施 1 次稀释液肥。冬季寒冷期温度要维持在 15℃以上，盛夏温度不高于 30℃；否则，植株生长停滞，严重时会被冻死或热坏。寒冷或酷热的季节，要减少浇水，暂停施肥。

高手支招

问：怎样避免非洲紫罗兰烂叶？

答：非洲紫罗兰叶片肉质肥厚，密生细毛，在叶片和叶柄里含有很多水分，淋水不慎容易造成烂叶。预防方法：①不要在叶上淋水，要用茶壶将水淋到泥土里。②一般两三天淋1次，泥面湿润时可以不淋。③要求空气湿度高，泥土的湿度要低。最好在盆底放一个碟子，用小石块把花盆垫高，碟内盛水，以提高空气湿度。

问：非洲紫罗兰如何进行叶插繁殖？

答：非洲紫罗兰的叶片肉质，叶片被切离母株扦插后，其切口会产生具有根茎的小苗。小苗有4～6片叶时，用刀将小苗分离出来，另盆种植。如把叶片插入清水中，其切口也会长出一些水生根，并萌生出小植株。叶插繁殖期间，给予充足的阳光，保持环境温暖。

非洲紫罗兰叶插繁殖

苦苣苔科

口红花

市场价位：★★★★☆

栽培难度：★★★☆☆

光照指数：★★★☆☆

浇水指数：★★★☆☆

施肥指数：★★☆☆☆

高手秘诀

口红花为附生植物，栽培用土宜用腐叶土或通用花卉培养土。生长期内 2 天浇水 1 次，1 个月施 1 次稀释液肥，也可以 2 个月施 1 次固态复合肥。冬季温度要维持 10℃以上，并要减少浇水和暂停施肥，以利于安全越冬。

问：为什么口红花的叶片边缘变为红色？

答：这是低温或者光照过强所致。提高温度和避免阳光直射，即可避免这种情况的发生。

问：口红花可以用叶插繁殖吗？

答：叶插繁殖在绝大多数苦苣苔科植物中都可以施行，唯口红花用叶插繁殖有难度，需要较长时间才会生根发芽。最简便的方法莫过于枝插繁殖，即把一定长度的枝条截下，埋入新盆土中，维持环境温暖、潮湿，约经 20 天插条就会生根长叶，形成新植株。

问：口红花叶片泛黄脱落怎么办？

答：其原因是花盆太小，盆内空间不足，根相互绕缠而影响新根的伸长。解决的办法是换一个较大的花盆，这样就可避免这种现象发生。

凤梨科

红星凤梨

市场价位：★★★☆☆

栽培难度：★★★☆☆

光照指数：★★★☆☆

浇水指数：★★★☆☆

施肥指数：★★☆☆☆

高手秘诀

栽培用土以疏松透气的腐叶土为好。喜半阴、潮湿环境，要避免阳光直晒，冬季温度要在10℃以上。保持叶筒有水，以延长花期。生长期内3个月撒1次磷钾含量多的固态复合肥；也可用对水2000倍的尿素、磷酸二氢钾溶液灌入叶筒中，每月1次。浇水要遵守“一干即浇、浇必浇透”的原则。

高手支招

问：怎样繁殖红星凤梨？

答：通常红星凤梨开完花后便枯死，只能尝试用其开花母株花后在根部结出的吸芽或小植株来繁殖。用利刀将依附在母株旁丛生的吸芽或小植株连一小段母株的茎一起切下（以吸芽或小植株高10～20厘米时切下栽植成活率较高），将切下的吸芽或小植株直接埋入培养土或水苔中即可。如果生长条件良好，一般栽植2～3年后植株便会成熟开花。

问：红星凤梨的花为什么会褪色？

答：当红星凤梨花开3～6个月以后，本来艳红色的苞片由于老化而逐渐褪色，最后枯萎。红星凤梨苞片褪色是一种自然的生理现象，与病虫害无多大关系，日后基部长出的小苗会取代老株，完成新老交替。

问：北方如何种好红星凤梨？

答：要在北方寒冷干燥地区种好红星凤梨，提高空气湿度和保温是关键，可以用以下方法提高栽培环境的空气湿度：把整盆红星凤梨直接埋入填满湿沙或湿水苔的大盆内；在垫底的碟子中装满吸饱水的陶粒，让水分缓缓蒸发上升；每天向植株喷水多次。此外，温度保持在10℃以上，且给予充足光照。

凤梨科

莺哥凤梨

市场价位：★★★☆☆
栽培难度：★★★☆☆
光照指数：★★★☆☆
浇水指数：★★★☆☆
施肥指数：★★☆☆☆

高手秘诀

宜用通用花卉培养土种植。生长旺盛期内 2 天浇水 1 次，每月施肥 1 次，直接把稀释 1000 倍的液肥灌入盆土或叶筒中。冬季寒冷期要减少浇水和暂停施肥，温度维持 10℃以上，有利于安全越冬。

问：莺哥凤梨开花后怎样管理？

答：已开过花的老株再也不会开花，并慢慢枯萎死亡，取而代之的是侧生的吸芽长大的苗。花后可先把已开残败的花序剪去，待老株基部长出丛生吸芽时加强水肥管理，新苗长大后将取代已枯萎的老株。

问：莺哥凤梨的叶片长青苔怎么办？

答：原因是空气湿度过高。处理办法：除降低空气湿度外，可用抹布把附在叶面上的青苔擦除。如果擦了又长，可到出售水草和热带鱼的商店购买去除鱼缸青苔的专用药物，用水稀释后喷于植株上（叶片正反面都要喷），即可去除青苔。

问：莺哥凤梨叶片上出现黑斑怎么办？

答：通常这类黑斑是叶片患炭疽病所致，用咪鲜胺锰盐稀释液喷洒植株即可。

凤梨科

铁兰

（空气草）

市场价位：★★★★☆

栽培难度：★★☆☆☆

光照指数：★★★★☆

浇水指数：★☆☆☆☆

施肥指数：★☆☆☆☆

高手秘诀

种植无需泥土，只要固定于花盆或某个地方即可。其叶片的气孔可吸入大气中的水分和养分。喜温暖潮湿，冬季气温要在10℃以上。平时天气干燥时要适当向植株喷水。每月施肥1次，将稀薄的液肥喷于叶片上，让其自然吸收。光照充足对其生长有利，但也耐半阴。

高手支招

问：铁兰无根，应怎样固定？

答：如果将其板植，可在板上开一个孔，然后将植株塞入并绑上水苔即可。也可用万能胶水将其粘在石头、木板、墙面、玻璃或工艺品上。

问：怎样种好铁兰？

答：铁兰无需泥土而直接暴露在空气中，只要温湿度适宜就可以了。种植在有散射阳光的地方，如在室内种植则宜放置在窗台等明亮通风处。在南方除梅雨季节3～5天喷水1次外，其他季节要每天喷水1次。冬季寒冷期切忌水分滞留在叶片上，否则易腐烂。如果每月用磷酸二氢钾或花宝1000倍液喷洒叶片，可促进植株生长和开花。

鸭跖草科

吊竹梅

市场价位：★★☆☆☆

栽培难度：★☆☆☆☆

光照指数：★☆☆☆☆

浇水指数：★★★☆☆

施肥指数：★★☆☆☆

高手秘诀

除碱土或强酸性土外，几乎所有泥土均可用于种植。浇水不严格，只要不积水对其生长就无影响。只要温度不低于0℃，何时施肥也无妨，通常3个月撒1次固态复合肥。阳光充足时，植株叶片密而节间短，忌阳光直射。如果环境过阴，植株节间长而叶较疏，但不影响其生长。

问：怎样繁殖吊竹梅？

答：可采用扦插法繁殖：只要把一条有叶或无叶的茎剪下，直接插入盆土中，一段时间后就会生根发叶，形成一株新的植株。

扦插法繁殖吊竹梅

问：吊竹梅的叶片为何枯萎？

答：主要原因是植株受到猛烈阳光的照射而被灼伤。处理办法：把已枯焦的叶片除去，然后移到直射阳光照不到之处。如觉得已除去枯叶的茎难看，可将其剪短，在1个月后剪口处会长出有叶新枝。

天南星科

红掌

市场价位：★★★★☆

栽培难度：★★★☆☆

光照指数：★★★☆☆

浇水指数：★★★★☆

施肥指数：★★☆☆☆

高手秘诀

土壤可用通用花卉培养土。冬季温度保持 15℃以上是种好红掌的关键。除冬季寒冷期暂停施肥外，平时 3 个月撒 1 次固态复合肥于盆面即可。生长期内 2~3 天浇水 1 次，高湿高温有利于生长和开花。

高手支招

问：怎样防治红掌根部的线虫?

答：线虫是红掌的一大害虫，它通常寄生于根部，把根蛀成空壳，使地上部发黄干枯而失去观赏价值。如果发现线虫，最简便的办法是将克百威埋入有线虫的盆土中，线虫就会中毒死亡。

问：红掌叶尖干枯怎么办?

答：主要原因是空气太干燥。可把盆栽红掌置于一个盛有水的碟子中，让水分蒸发来提高空气湿度。如果每日喷雾多次，效果更好。此外，浇水不足，植株过大而盆体过小也可能是诱因。

问：红掌怎样进行水养?

答：将其从花盆中倒出，用水洗干净黏附在根上的泥土，然后将根部浸入瓶内清水中，7～10天后就会萌生出新根。如果在冬季由泥种改为水养，开始时会出现老叶变黄枯萎现象，此时应及时将黄叶摘除，每天换水1次，1周后减少换水次数，新根长出后只要加水即可。

水养红掌

天南星科

花叶万年青

市场价位：★★☆☆☆
栽培难度：★★★☆☆
光照指数：★★★☆☆
浇水指数：★★★☆☆
施肥指数：★★☆☆☆

高手秘诀

栽培用土宜排水良好，可用通用花卉培养土，也可用粒状花泥。生长期内2~3天浇水1次，3个月施1次固态复合肥，也可以每个月施1次稀薄液肥。高温高湿有助生长，空气干燥和寒冷是其生长大忌。冬季温度应在15℃以上，否则易导致寒害。

高手支招

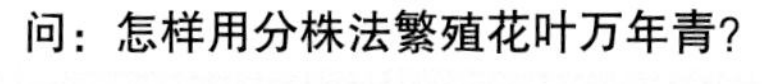

问：怎样用分株法繁殖花叶万年青?

答：于天气暖和的季节，把可分株的植株从花盆中倒出，看准株与株之间的空隙，用手掰开或用利刀把它们分开，放在通风处晾1天，1天后伤口干燥，此时可另盆栽种。

问：种植花叶万年青后手痒怎么办?

答：花叶万年青植株体内含有一种致人皮肤发痒的汁液，如在操作过程中皮肤接触到汁液，接触部位就会发红发痒。遇到这种情况，切勿用手抓痒，而应该用肥皂抹后再用温水反复冲洗，把致痒的物质冲洗干净。温热的水可以起到解毒的作用。

问：花叶万年青叶片受冻害而腐烂怎么办?

答：一旦出现这种情况，可将腐烂的叶片剪除，以免腐叶缠住主茎而滋生病菌，从而导致茎腐病的发生。

天南星科

大王万年青

市场价位：★★★☆☆
栽培难度：★★★☆☆
光照指数：★★★☆☆
浇水指数：★★★☆☆
施肥指数：★★☆☆☆

高手秘诀

栽培用土宜用排水良好的沙质土，也可用粒状塘泥、花泥或通用花卉培养土。生长旺盛期内隔天浇水1次，每月施1次稀薄液肥或3个月施1次固态复合肥。冬天温度维持15℃以上有利于越冬，严寒期应移入室内，并减少浇水，维持盆土稍湿状态即可，直至春暖时恢复正常管理。

问：怎样用扦插法繁殖大王万年青？

答：先挑选粗壮的茎，按5～10厘米长一段剪断，切口敷些木炭粉，以便将切口的流液吸干。然后斜插于沙床上，保持环境半阴、潮湿和通风。在25℃的气温下约经1个月插条生根发芽。当芽体形成叶片并展开时可移植上盆。

问：大王万年青的叶片边缘翻卷变黄怎么办？

答：出现此现象与大王万年青长期放在光照不足的室内有关，也可能是植株烂根而导致叶片失水造成的。解决办法：把生长不良的叶片剪除，把病态的植株移到光照和通风良好的室外半阴处。经过精心栽培，几个月后植株会再长出新叶。待植株繁茂时重新搬回室内摆设。

问：室内放置的大王万年青叶片返绿怎么办？

答：主要是室内光照不足所致。解决方法：增强光照，减少含氮肥料的施用量。

天南星科

花叶芋

市场价位：★★★☆☆

栽培难度：★★★☆☆

光照指数：★★★★☆

浇水指数：★★★★☆

施肥指数：★★☆☆☆

高手秘诀

栽培用土宜用仙人球培养土或粒状花泥、塘泥。生长期内 1~2 天浇水 1 次，每月施 1 次稀释液肥。秋凉后植株慢慢进入休眠期，叶片渐渐枯萎，此时要停止浇水和施肥，直到休眠期结束时恢复正常管理。

问：怎样才能让花叶芋多开花？

答：要让植株多见阳光，使光合作用积累的养分充足，并在新叶长出后多施磷钾肥，这样植株生长壮旺，有利于花芽分化，从而多开花。

问：怎样用花叶芋块茎繁殖？

答：冬天花叶芋叶片枯萎，但其地下块茎还是活的。此时可以把埋在泥土中的块茎倒出，用干净的沙子填埋就可以了，不用浇水，置于温暖的室内（温度保持10℃以上）。待室外温度达到20℃时，把埋在沙中过冬的花叶芋块茎取出，重新埋入新的盆土之中。按以往的方法淋水施肥，约1个月后块茎就会绽出新叶，恢复往日的风采。

天南星科

白蝶合果芋

（白蝴蝶）

市场价位：★☆☆☆☆

栽培难度：★★☆☆☆

光照指数：★★★☆☆

浇水指数：★★★☆☆

施肥指数：★★☆☆☆

高手秘诀

可用通用花卉培养土或粒状花泥种植。生长期内 2~3 天浇水 1 次，3 个月施 1 次固态复合肥。冬季要减少浇水，温度维持 5℃以上可安全越冬。

高手支招

问：白蝶合果芋的叶片为何变成全绿色？

答：主要是施过多的氮肥，或者环境过阴所致。平时不要施过多含氮肥料，放置环境不要过于荫蔽，就可以避免这种现象的出现。

问：盆栽白蝶合果芋为什么不开花？

答：这与盆栽白蝶合果芋植株还处于幼年期有关。在野外，会开花的白蝶合果芋多攀于大树上生长，成熟后会开出绿色的佛焰花序。

问：白蝶合果芋叶尖枯焦怎么办？

答：导致这种现象的原因主要是栽培的花盆太小，使根相互缠绕。换一个较大的花盆，以利于新根的生长，这样叶尖枯焦的情形就不会出现了。

问：怎样保持白蝶合果芋叶色美丽？

答：摆放在明亮散射光处。白蝶合果芋为典型室内观叶植物，忌阳光直射，否则叶片会被灼伤，但它需要较充足的散射光。

天南星科

金钱树

（泽米芋）

市场价位：★★★★☆
栽培难度：★★★☆☆
光照指数：★☆☆☆☆
浇水指数：★★☆☆☆
施肥指数：★★☆☆☆

高手秘诀

可用沙质土或仙人球培养土栽植。尽量少浇水，5~7 天浇 1 次已足够，生长期内 3 个月施 1 次固态复合肥。耐阴，适于接受散射光，夏季不要让其照到直射光。冬季温度维持 15℃以上是种好金钱树的关键。冬季要暂停施肥和减少浇水，以免根腐烂。

高手支招

问：怎样繁殖金钱树?

答：可采用分块茎、分株的方法来繁殖，也可用叶插繁殖。叶插繁殖的做法是把叶片插于沙床上，待小苗长出 1 片小卵叶后移植上盆。

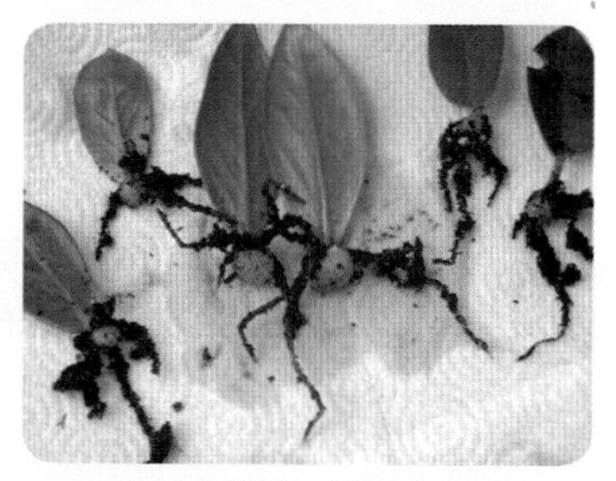

金钱树叶插繁殖

问：金钱树烂根怎么办?

答：通常金钱树烂根是寒冷和浇水过多造成的。一旦出现这种情况，可先将植株从花盆倒出，剪除腐烂的块茎和枝叶，然后在伤口敷上木炭粉，放于温暖之处。待伤口干燥后将根埋入盆土中，停止浇水，直到温度上升到 20℃时才恢复正常的浇水。注意浇水量一定要少，维持盆土稍湿就可以了。

天南星科

滴水观音

（海芋）

市场价位：★★☆☆☆

栽培难度：★★☆☆☆

光照指数：★★★☆☆

浇水指数：★★☆☆☆

施肥指数：★★☆☆☆

高手秘诀

栽培用土宜用沙壤土，如粒状塘泥、花泥，也可用通用花卉培养土。生长期内 2~3 天浇水 1 次，每个月施肥 1 次，在盆面撒一些固态复合肥。冬季温度保持 5℃以上。

问：滴水观音开花对人体有害吗？

答：滴水观音为天南星科植物，其植株体液有毒，只要不去损伤其茎叶，不接触其流出的汁液就没关系。滴水观音开花时，花朵会散发出一种较刺鼻的气味，这种味道对人体无害，但不好闻，可将其花剪除。

问：北方如何种好滴水观音？

答：滴水观音是从广东、云南、福建等地采集上盆的。北方养滴水观音，首先，要注意浇水不能太多，保持盆土湿润即可，不可积水，否则会烂根。其次，要注意温度不可过低，冬季温度要维持 5℃以上，并要放于室内，否则易受冻害而烂叶。第三，半阴环境最宜滴水观音，猛烈阳光会使叶片枯黄而早落。第四，可稍多施点氮肥，生长期内每月在盆面放一些固态复合肥有助于其生长。注意以上几点，在北方种好滴水观音就不难了。

天南星科

羽裂树藤

（春羽）

市场价位：★★☆☆☆

栽培难度：★★★☆☆

光照指数：★★★☆☆

浇水指数：★★★☆☆

施肥指数：★★☆☆☆

高手秘诀

栽培用土宜用沙壤土，如粒状花泥、塘泥，也可用通用花卉培养土。十分耐阴，适于室内摆设。生长期内 2~3 天浇水 1 次，平时向叶片洒水有利于生长。3 个月施肥 1 次，把固态复合肥撒于盆面即可。冬季应减少浇水并暂停施肥，直到春暖时恢复正常管理。

高手支招

问：羽裂树藤叶片患炭疽病怎么办？

答：这是空气湿度过高和环境闷热造成的。出现病症后，要先把病叶剪除，然后用甲基硫菌灵稀释液喷洒植株，以免炭疽病死灰复燃。

问：为什么羽裂树藤有两种叶形？

答：这是其植株不同生长发育阶段的表现。幼期植株的叶片浅裂或不裂，而成熟叶则变成深裂，两种叶形差别较大。

问：怎样提高羽裂树藤插条的成活率？

答：在插入沙床之前，在其切口涂抹一层木炭粉，把伤口流出的汁液吸附掉，使伤口干燥，然后再插入沙床或泥土中，经这样处理后插条成活率要高许多。

天南星科

龟背竹

市场价位：★★☆☆☆
栽培难度：★★☆☆☆
光照指数：★★★☆☆
浇水指数：★★☆☆☆
施肥指数：★★☆☆☆

高手秘诀

栽培用土宜用粒状花泥或塘泥，也可用通用花卉培养土。生长旺盛期内2~3天浇水1次，3个月施肥1次，撒些固态复合肥于盆面即可。冬季要减少浇水，温度维持在5℃以上。龟背竹茎可下垂或攀爬于墙壁或树上。

高手支招

问：为什么盆栽的龟背竹叶片无孔洞？

答：由于还处于植株的幼年期，故叶片无孔洞。要待植株种植1～2年后，植株进入成熟期，此时长出的叶片就有孔洞了。

问：怎样用扦插法繁殖龟背竹？

答：挑选粗壮的一年生茎，按一叶一段（每段均带有一片叶）切下，然后将插条直接插入沙床或盆土中（不要栽太深，要露出顶端节部），每天浇水，保持土壤湿润。在温度20℃以上的环境中经1～2个月插条生根长叶，当新出叶片展开时移植上盆。

问：盆栽龟背竹长得过长过大怎么办？

答：可把过长的茎段剪短，不久其植株基部或下部叶腋间会长出新芽和新叶，使植株变矮。剪下的茎段不要丢弃，可作为扦插繁殖的材料，真可谓一举两得。

天南星科

绿萝

（黄金葛）

市场价位：★★☆☆☆

栽培难度：★★☆☆☆

光照指数：★★★☆☆

浇水指数：★★★☆☆

施肥指数：★★☆☆☆

高手秘诀

可用通用花卉培养土种植，也可水养。生长期内 2~3 天浇水 1 次，浇水时喷洒植株有助于生长。每月施肥 1 次，将稀释液肥灌入泥土中。冬季减少浇水和暂停施肥，温度维持 10℃以上，以利于安全越冬。绿萝枝条下垂，可用吊盆栽植，也可以用竹枝引导其向上生长，攀爬在墙壁上。

高手支招

问：绿萝有哪些常见品种？

答：有叶片黄绿相间的绿萝，又称黄金葛（狭义），叶片全部金黄的金叶黄金葛，以及叶片白绿相间的白金葛 3 个品种。

金叶黄金葛

白金葛

问：绿萝有大叶绿萝和小叶绿萝之分吗？

答：绿萝的大叶和小叶并非两个不同品种的叶片，只不过是老株和幼株叶片大小不同而已。在环境条件良好的室外大树干上攀附的绿萝，其顶部的成熟老株大叶与室内盆栽的幼株叶片在外形上明显不同，前者为大如扇子的羽裂状叶片，而后者为小如手掌的心形叶片。

百合科

蜘蛛抱蛋

（一叶青）

市场价位：★★☆☆☆
栽培难度：★★☆☆☆
光照指数：★☆☆☆☆
浇水指数：★★★☆☆
施肥指数：★★☆☆☆

高手秘诀

宜用粒状花泥或塘泥种植，也可用通用花卉培养土栽培。生长期内 2~3 天浇水 1 次，3 个月施肥 1 次，在盆面撒些固态复合肥即可。冬季可耐 0℃左右的低温。全年均生长缓慢。蜘蛛抱蛋十分耐阴，是室内较暗位置绿化装饰的首选植物之一。

高手支招

问：为什么不见蜘蛛抱蛋开花？

答：通常家居盆栽的蜘蛛抱蛋极少开花，即使开花了也难看见，因为它的花只长在盆土表面，往往被叶片遮盖住，而且色彩为暗紫褐色，不显眼。因此，见不到其开花就不足为奇了。

蜘蛛抱蛋的花朵

问：蜘蛛抱蛋滋生介壳虫怎么办？

答：主要是环境通风不良所致。除要改善通风条件外，还要用洗衣粉稀释液或蚧必治等喷杀，约隔3天喷1次，通常2～3次就可将介壳虫全部杀灭。

问：怎样繁殖蜘蛛抱蛋？

答：可实施分株或播种繁殖。由于其较少结种子，故常用分株法繁殖。分株可在换盆时一并进行，只要把丛生的植株以3～4片叶为一组将地下根状茎分离，然后另盆种植就可以了。

百合科

文竹

市场价位：★★☆☆☆
栽培难度：★★★☆☆
光照指数：★★★★☆
浇水指数：★★★☆☆
施肥指数：★★☆☆☆

高手秘诀

栽培用土宜用排水良好的沙质土。充足的阳光和通风环境对生长十分有利，光照不足和通风不良时叶片容易枯黄和发生病虫害。生长旺盛期内2天浇水1次，水量要适中，浇到盆底淌水即止。2~3个月撒1次固态复合肥，也可以每月施1次稀释液肥。

高手支招

问：盆栽文竹为何不开花结果？

答：文竹原为一种攀援植物，在室外阳光充足的环境中，地栽或大盆盆栽时，植株可攀到屋顶或树顶，每年的夏季开花并结出红色的果实。盆栽文竹不开花的主要原因是种植的盆体小，根的生长受抑制，地上部难以达到开花的条件。

文竹的花朵

问：文竹新发枝为何易枯萎？

答：文竹是喜温暖湿润和光照的草本花卉。在家居环境条件下要种好文竹，通风良好和空气湿度较高是关键。造成文竹新发枝枯萎的原因往往是空气湿度低、光照不足、通风不良、浇水过多，也可能是温度过低（低于3℃）。此外，新买回的盆栽文竹由于一下子从种植地的良好环境移至室内较恶劣的环境中，使植株一时“水土不服”，会导致新发枝枯萎。

百合科

吊兰

市场价位： ★★☆☆☆

栽培难度： ★★☆☆☆

光照指数： ★★★☆☆

浇水指数： ★★★☆☆

施肥指数： ★★☆☆☆

高手秘诀

宜用通用花卉培养土或粒状花泥种植。生长旺盛期内 2~4 天浇水 1 次，浇水时用水喷洒植株，以提高空气湿度，有利于生长。3 个月施肥 1 次，用固态复合肥撒于盆面，也可以每月施 1 次稀释液肥。冬季寒冷期吊兰生长缓慢，此时宜减少浇水和暂停施肥，直至春暖时恢复正常管理。

高手支招

问：吊兰叶尖枯萎怎么办?

答：吊兰能吸收一氧化碳、过氧化氮及其他有害气体，使居室的空气得到净化，有益于人体的健康，因此常用于室内装饰。可是，吊兰叶尖易枯萎。如出现这种情况应采取如下措施：

1.常浇水、喷水，保持盆土湿润，提高空气湿度。冬季4～5天浇水1次，夏季每天可早晚浇水1～2次。

2. 将花盆放置在半阴处，防止暴晒。吊兰需适量光照，忌阳光直射，强光易引起叶片枯萎。

3.种植吊兰，宜盆大株小，以中等大的花盆种2～3株为宜。

龙舌兰科

虎尾兰

市场价位：★★☆☆☆

栽培难度：★☆☆☆☆

光照指数：★★★☆☆

浇水指数：★☆☆☆☆

施肥指数：★☆☆☆☆

高手秘诀

栽培用土宜选排水良好的沙质培养土，如仙人球培养土，也可用粒状塘泥或花泥。7~10 天或更长时间浇水 1 次，冬季寒冷期要减少浇水次数。生长期内 3 个月施肥 1 次，在盆面撒些固态复合肥即可。冬季室温维持在 5℃以上，有利于安全越冬。虎尾兰喜阳光，也耐半阴，在室内可长期摆设，但叶片徒长下垂时应搬到室外。

问：怎样用叶段扦插繁殖虎尾兰？

答：选择油润的叶片，按 5 ~ 10 厘米长一段切下，然后平放或垂直插入湿沙床中。不久切口处就会生根发芽，并长出丛生的小植株。待小植株稍长大，就可以上盆种植。

虎尾兰叶段扦插繁殖

问：虎尾兰的叶片下垂怎么办？

答：如果虎尾兰在室内放置时间太久，长期光照不足，或浇水太多导致烂根，均会造成叶片下垂。因此，最好定期把盆栽虎尾兰移到阳台阳光充足处，让植株多见阳光；浇水不可过多，特别是冬季严寒季节，要减少浇水。如已发生叶片下垂现象，应在温度 5℃以上时换土再植。

竹芋科

孔雀竹芋

市场价位：★★★☆☆
栽培难度：★★★☆☆
光照指数：★★★☆☆
浇水指数：★★★★☆
施肥指数：★★☆☆☆

高手秘诀

栽培用土宜用通用花卉培养土。生长旺盛期内1~2天浇水1次，2个月施1次固态复合肥。半阴、潮湿环境对其生长有利。冬季温度保持10℃以上是关键，同时要减少浇水，仅保持土壤稍湿即可。

高手支招

问：孔雀竹芋的叶片为何晚上会闭合？

答：孔雀竹芋的叶片具有睡眠的生理习性，每当夜幕降临，其植株就会进入睡眠状态，叶片竖起，如同豆科植物合欢树的叶片夜间闭合一样。只要黑暗期一过，孔雀竹芋的叶柄关节会使叶片平展，叶片恢复常态。

问：在室内摆设的孔雀竹芋为何叶缘干枯？

答：主要原因是空气湿度过低，尤其是夏季放于有冷气的室内更易出现这种现象。对此，可在花盆下垫一盛着水的碟子，这样水分蒸发可提高周围空气湿度。

胡椒科

西瓜皮椒草

市场价位：★★★☆☆
栽培难度：★★★☆☆
光照指数：★★☆☆☆
浇水指数：★★☆☆☆
施肥指数：★★☆☆☆

高手秘诀

宜用排水良好的腐叶土或通用花卉培养土种植。生长期内2~3天浇水1次，每月施肥1次，将稀释液肥浇灌于盆土中。半阴、通风环境有利于生长。西瓜皮椒草怕冷，冬季温度要保持在15℃以上方可安全越冬；此外，冬季还要注意减少浇水和暂停施肥，直至春暖时恢复正常管理。

高手支招

问：在室内放置的西瓜皮椒草叶片为何下垂？

答：主要原因是环境过阴造成叶片徒长，叶柄过长软弱。因此，要种好西瓜皮椒草，必须选择一个较为明亮的地方放置。

问：西瓜皮椒草用何种方法繁殖较好？

答：繁殖西瓜皮椒草可用叶插和分株两种方法。家养西瓜皮椒草的繁殖，以分株法较易实施。只要在温暖季节利用换盆的机会，把一大丛的西瓜皮椒草分为2~3丛，就能达到繁殖的目的。

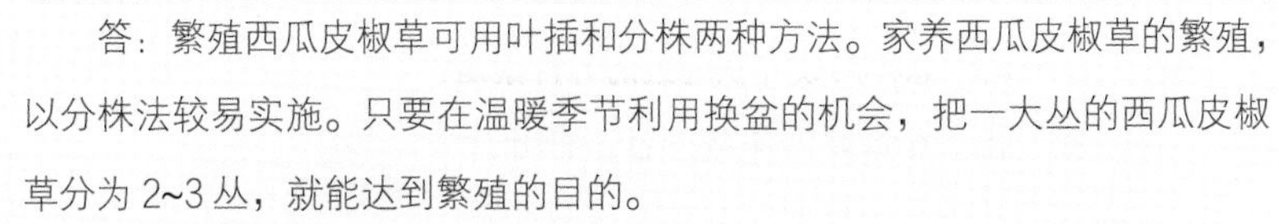

问：西瓜皮椒草叶片腐烂怎么办？

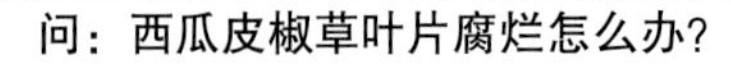

答：主要原因是冬季温度太低，达不到它生长所需的15℃以上。一旦冬季出现烂叶，先要将烂叶摘除，然后将其移到温度较高的地方放置，并减少浇水。

秋海棠科

蟆叶秋海棠

市场价位：★★★☆☆

栽培难度：★★★☆☆

光照指数：★★★☆☆

浇水指数：★★★☆☆

施肥指数：★★☆☆☆

高手秘诀

盆栽用土宜用通用花卉培养土，要营造半阴、潮湿的生长环境。生长期内1~2天浇水1次，每月施肥1次，将稀释的液肥灌入盆土中，或3个月撒1次固态复合肥。冬季是其生长迟滞期，此时要减少浇水和暂停施肥，直至春暖时恢复正常管理。

问：为什么蟆叶秋海棠叶缘干枯？

答：主要是空气太干（空气湿度太低）造成的。解决办法：不时向植株喷水，或把盆放在一个盛着水的碟子上，让上升的水汽提高周围空气湿度。

问：怎样用蟆叶秋海棠的叶片繁殖？

答：准备好沙床或沙盆，把叶片平铺沙上，然后用利刀将其主侧脉割断，维持环境半阴、潮湿。约2个月后于叶脉割断处长出小植株，待小植株长有2片叶片时把小株分离出来，另盆栽植即可。

蟆叶秋海棠叶插繁殖

爵床科

红网纹草

市场价位：★★★☆☆
栽培难度：★★★☆☆
光照指数：★★★☆☆
浇水指数：★★★★☆
施肥指数：★★★☆☆

高手秘诀

宜用小盆种植，土壤最好用沙质培养土、泥炭和粗沙混合而成。夏季忌强烈直射阳光，否则易导致叶片枯焦。但也不宜长期置于阴暗处，否则叶片会失去光泽，茎秆纤细。每天应有4~6小时的散射光照射。浇水掌握“宁湿勿干”的原则，保持较高空气湿度。每个月施肥1次，用固态复合肥或稀薄液肥均可。施肥时注意避免肥液接触叶片，不然容易把叶片烧坏而产生黑斑。生长适温25~35℃，冬季温度不可低于10℃。

高手支招

问：白网纹草和红网纹草的栽培方法是否相同？

答：白网纹草与红网纹草是同种不同品种的“同宗兄弟”，生长习性基本相同，栽培方法大致相同。白网纹草对寒冷更为敏感，耐寒力不如红网纹草，但耐阴力却比红网纹草强。故栽培白网纹草时更要注意冬季温度不可过低，夏季光照不可过强，以免植株被冻坏或被直射阳光灼伤。

问：怎样繁殖红网纹草？

答：红网纹草繁殖比较容易，主要用扦插法。春秋季节取茎3~4节，插入消毒过的基质中。保持基质湿润，不宜太干或太湿，天气干燥时可罩上薄膜保湿。约10天后插条生根，此时可上盆栽植。

骨碎补科

波士顿蕨

市场价位：★★★☆☆

栽培难度：★★★☆☆

光照指数：★★★★☆

浇水指数：★★★★☆

施肥指数：★★☆☆☆

高手秘诀

宜用排水良好的沙质土种植。生长旺盛期内每天浇水1次，每月施肥1次，将稀薄液肥直接施于根部。波士顿蕨喜欢明亮的散射光，良好的通风有利于生长。冬季温度维持在5℃以上。

问：为何波士顿蕨基部叶片枯黄腐烂？

答：主要原因是基部叶片过密，浇水后水滞留其间经久不散，从而使原本绿色的叶片变黄枯萎。预防方法：适当剪除过密的基部叶片，浇水时用尖嘴水壶直接把水灌入土中，以免浇于叶片上，这样就可避免这种现象出现。

问：怎样区分肾蕨和波士顿蕨？

答：可以从其叶片外观和根系的形态来识别。叶片为一至多回羽状分裂、小叶边缘呈波状扭曲者为波士顿蕨，而叶片质地较硬、叶尖直立不弯曲、叶片为一回羽状复叶者为肾蕨。从根的形态来说，肾蕨的地下根状茎会长出圆形的块茎，而波士顿蕨则不会长出这种肉质的块茎。

铁角蕨科

巢蕨

市场价位：★★★☆☆
栽培难度：★★★☆☆
光照指数：★★★☆☆
浇水指数：★★★★★
施肥指数：★★☆☆☆

高手秘诀

栽培用土宜用沙质土。每天浇水 1 次，同时向叶片喷水，这样有助于生长。每月施肥 1 次，将稀释液肥直接灌入盆土中，也可以喷叶面。半阴、潮湿环境最有利于生长。冬季温度要维持在 3℃以上。

高手支招

问：巢蕨可用分株法繁殖吗?

答：一株巢蕨一生只有一个生长点，不会产生可供分株的小苗；人为地把顶芽刻伤，或许会萌生出一些供分株的小植株，但分株时要损失母株，实为得不偿失之举，故巢蕨一般不用分株法繁殖。

问：为何巢蕨叶片老是枯尖?

答：主要是空气湿度太低或泥土过干造成的。用喷水方式提高空气湿度，并注意充分浇水，防止盆土过干，就可以解决问题。

问：如何避免巢蕨长得过大?

答：通常的方法是不换盆，以小盆来抑制根的扩大，并不断剪除植株基部的老叶和黄叶，维持其叶围呈鸟巢状。同时，适当少施肥。其原理如同栽培盆景一样。

铁线蕨科

铁线蕨

市场价位：★★★★☆

栽培难度：★★★☆☆

光照指数：★★★☆☆

浇水指数：★★★☆☆

施肥指数：★★☆☆☆

高手秘诀

栽培用土可用通用花卉培养土。营造半阴和潮湿环境。每天浇水1次，维持盆土湿润。每半个月施肥1次，将稀释液肥直接灌入盆土之中，也可以喷洒于叶面。定期在盆土中放入一些碎蛋壳，以满足其喜钙习性。

问：铁线蕨叶片稀疏和新芽发黑怎么办？

答：主要原因是放置地阳光不足和空气干燥。处理方法：将其移到明亮通风处，每日浇水时用水喷叶，或在盆底部垫一个盛有水的碟子，以提高空气湿度。

问：怎样用分株法繁殖铁线蕨？

答：把植株从盆中倒出，用手拨开叶丛，看准株与株之间的相连处，用手掰开或用利刀将它们切开即可。

问：盆栽铁线蕨基部叶片腐烂怎么办？

答：原因是叶片长得过密，洒水后水分滞留于叶片上，从而泡烂基部叶片。解决办法：及时剪除腐烂的叶片，以利叶与叶之间通风透气，即可避免叶片腐烂的现象发生。

凤尾蕨科

银心凤尾蕨

市场价位：★★★☆☆
栽培难度：★★★☆☆
光照指数：★★★☆☆
浇水指数：★★★★★
施肥指数：★★☆☆☆

高手秘诀

栽培用土可用腐叶土或通用花卉培养土。高湿和半阴环境有利于生长。每天浇水1次，确保培养土不过干，空气干燥时要用水喷叶片。约半个月施肥1次，将稀释液肥灌入盆土。

问：银心凤尾蕨被小蜗牛啃食怎么办？

答：量少时晚上在其出来啃食时用手电筒照着捕捉。量多时喷布四聚乙醛稀释液，将其毒死。

问：银心凤尾蕨叶片烧边怎么办？

答：主要原因是空气湿度太低，长期置于干燥的环境中。解决办法：在浇水的同时向叶片洒水，以提高空气湿度。也可以将盆放在一个盛着水的碟子上，让水汽徐徐上升来提高周围空气湿度。

问：怎样繁殖银心凤尾蕨？

答：可施行分株法繁殖，即把丛生的植株倒出，用利刀将丛生植株分为2~3丛，然后另盆栽植即可。

猪笼草科

猪笼草

市场价位：★★★★☆
栽培难度：★★★★★
光照指数：★★★★★
浇水指数：★★★★★
施肥指数：★★☆☆☆

高手秘诀

喜高温高湿，冬季温度应在10℃以上。平时注意浇水，每天浇水1次，不能让盆土干涸，冬季可减少浇水。充足的光照有利于其长出更多“猪笼”，过阴时所长出的“猪笼”较小。5~9月生长期将稀释5000倍的液肥灌入“猪笼”中，也可直接将液肥浇淋于盆土中让根吸收。由于猪笼草根易受浓肥伤害，因此不宜施固态复合肥。

问：可以给猪笼草喂小动物吗？

答：猪笼草是一种食虫植物，其叶片长出的“猪笼”具有消化和吸收有机物的能力。除了可把液肥灌入“猪笼”里面外，也可以抓一些苍蝇、蚂蚁和蟑螂等放入“猪笼”中，这些小动物在“猪笼”内可被分解吸收，也可达到施肥的目的。

问：猪笼草是否可药用？

答：猪笼草在广东民间很早就用做凉血降压的中草药，当地草药名为“猪仔笼”或“猴子埕”，其干品在一些草药铺有出售。通常用5～10克煎水内服。至于栽培的猪笼草杂交品种是否一样可以入药，目前还未有相关报道，故慎重起见，不宜煎汤内服。

含羞草科

含羞草

市场价位：★★☆☆☆
栽培难度：★★★☆☆
光照指数：★★★★★
浇水指数：★★★★★
施肥指数：★★★☆☆

高手秘诀

宜用沙质园土、粒状花泥或塘泥种植，也可以用通用花卉培养土栽种。生长期内每天浇水 1~2 次，每周施肥 1 次，将稀释液肥灌入泥土中即可。含羞草喜阳，阳光充足时生长壮旺，阳光不足时植株枝叶稀疏，且只长叶而不开花。冬季一到，含羞草纷纷落叶而枯萎死亡，可收集结出的种子，以备来年播种。

高手支招

问：为什么含羞草的叶片会一触即合？

答：因为其叶柄基部有一个由饱含水分的薄壁细胞组织组成的叶枕。叶枕内部充满水分，靠水压撑起叶片。当叶片受到碰触时，叶片震动导致叶枕下部细胞的水分在膨压的作用下，迅速向上部和两侧流去。于是，叶枕下部就像泄了气的皮球一样瘪下去，导致叶片和叶柄同时下垂。

问：怎样用播种法繁殖含羞草？

答：在春季天气回暖时，用直播的方法，每盆埋入3～4粒种子（2～3厘米深），然后浇透水，置于半阴处，维持18～20℃的温度。盆面可盖上玻璃板，以利保湿。通常播后7～10天种子发芽，待小苗长至4～5厘米高时移栽上盆。

唇形科

迷迭香

市场价位：★★★☆☆

栽培难度：★★★★☆

光照指数：★★★★★

浇水指数：★★★☆☆

施肥指数：★★☆☆☆

高手秘诀

可用通用花卉培养土种植。习性喜凉爽而忌酷热，在阳光充足和通风良好处生长良好。夏季高温期要减少浇水和暂停施肥。耐旱，生长期内 2 天浇 1 次水。每月施 1 次稀释液肥，也可以 2 个月撒 1 次固态复合肥。

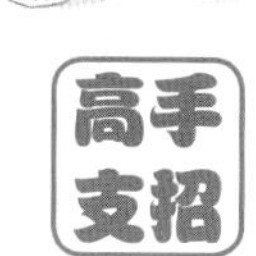

高手支招

问：如何使盆栽迷迭香枝繁叶茂？

答：每年于晚秋修剪 1 次，或在生长期摘心多次，以促使植株矮化和分枝。在修剪或摘心的同时加强水肥管理，以利于新枝叶粗壮。

问：为什么手碰迷迭香叶片后会留香？

答：迷迭香的叶片中饱含挥发油（芳香醇），此类物质会随着空气的流动而挥发扩散。当用手触摸时，叶片挥发的芳香醇就会附着在手上，故手碰后会留香。有的花商把绒毛香茶菜称为“碰碰香”来促销，也是利用其手触摸后会留香的特性。

唇形科

薰衣草

市场价位：★★☆☆☆
栽培难度：★★★★☆
光照指数：★★★★★
浇水指数：★★★★☆
施肥指数：★★☆☆☆

高手秘诀

栽培用土宜用保水保肥良好的通用花卉培养土。生长期内每天浇水 1 次，每个月施 1 次稀释液肥。定期摘心可使其枝繁叶茂。过阴会导致枝叶徒长，但夏季要避开烈日照射，因此除盛夏外均要给予充足阳光。

高手支招

问：怎样制作薰衣草香囊？

答：在修剪或摘心时留下薰衣草的叶片或花序，经风干后装入袋中即可。其香气有催眠和提神的作用，香气持久，可维持 1 年左右。

问：为什么盆栽薰衣草大量落叶？

答：主要原因是酷热天气浇水过多导致烂根。要防止这种现象发生，就要注意酷暑天时减少浇水，维持培养土稍有湿润感即可。

问：盆栽薰衣草是否可移到小庭院地栽？

答：如果要移到小庭院地栽，最好选阳光充足的小坡地种植。地栽前先挖一个合适的地穴，穴底放入诸如花生麸、鸡粪或鸡毛之类作为基肥，铺上一层土，然后把脱盆后的薰衣草连带土球一并埋入穴中，填土、浇水即可。

莎草科

伞草

（风车草）

市场价位：★★☆☆☆
栽培难度：★★☆☆☆
光照指数：★★★★☆
浇水指数：★★★★★
施肥指数：★★☆☆☆

高手秘诀

栽培用土宜用塘泥或花泥，且要用一个不漏水的花盆栽植。平时注意保持花盆内有浅水。如用盆底有排水孔的花盆种植，每天宜浇水 1 次。生长旺盛期内 15~30 天施 1 次稀释液肥。光照充足和通风良好时伞草长得油润亮绿，过阴会使植株稀疏和枝叶徒长。

高手支招

问：怎样用伞草的茎秆扦插繁殖？

答：先挑选一株已开花的植株，用剪刀从茎秆顶部下方 3 ~ 5 厘米处剪开，然后将茎秆插入湿沙盆中，保持环境半阴和通风，每天浇水或喷水。约 1 个月后茎秆生根，待顶部有新芽长出时即可移栽上盆。

伞草茎秆扦插繁殖

问：伞草叶枯尖怎么办？

答：主要原因是浇水不足、盆土过干或空气太干燥。平时浇足水或经常用水喷洒植株，伞草就不会出现这种现象。

莲科

荷花

市场价位：★★☆☆☆

栽培难度：★★★☆☆

光照指数：★★★★★

浇水指数：★☆☆☆☆

施肥指数：★★☆☆☆

高手秘诀

荷花为水生花卉，栽培用土宜用塘泥或花泥。盆栽时要注意定期加入清水，保证盆内有水。平时每月在水中施入一些氮、磷、钾比例均匀的稀释液肥，直至冬季休眠期暂停。盆栽荷花需要全日照，过阴或半阴均会导致植株只长叶而不开花。

高手支招

问：荷花应怎样上盆种植？

答：选一个不漏水的花盆或缸，先在盆底放一层底土，再施一些基肥（如草木灰等），覆上土后摆上荷花的藕节，覆满泥浆状土，加入清水即可。

问：盆栽荷花怎样施肥？

答：盆栽荷花，如以富含腐殖质的塘泥等做栽培基质，一般不需要施底肥就能满足植株生长的需要；若以贫瘠的泥土做基质，则需要增施底肥，可用腐熟饼肥、骨粉等按一定比例与泥混拌。盆栽荷花喜肥但忌重肥，特别要防止基肥过量。如果栽后盆内水发绿，有气泡冒出，说明施肥过量，应及早挖出种藕，更换泥土，重新栽植。在花蕾出水前后，如果叶片出现退绿泛黄现象，每盆可以均匀地施入 3 ~ 4 克优质复合肥；如果长势旺盛，叶色浓绿，可以施磷钾肥，同时施适量硼肥、锌肥。

睡莲科

睡莲

市场价位：★★★☆☆
栽培难度：★★★☆☆
光照指数：★★★★★
浇水指数：★☆☆☆☆
施肥指数：★★☆☆☆

高手秘诀

栽培用土可用有黏性的塘泥或河泥。平时要注意定期加水，以防盆栽睡莲由于缺水而叶片枯黄。每月施肥 1 次，直接把稀释的液肥灌入水中即可。冬季睡莲处于休眠状态，此时宜把盆内水倒干，仅维持泥土湿润，直至春暖时重新加水。

高手支招

问：怎样播睡莲种子？

答：播种期宜在春暖季节（温度 20℃以上）。先把睡莲种子放在 50℃的温水中泡浸 1 天，待其种壳软化后直接点播于湿泥中。给予充足的阳光，每月施肥。待种子萌芽后加水，让水浸小苗，以利其生长。

问：怎样用睡莲的根茎繁殖？

答：在冬季休眠期刚过，根茎还未出芽时进行。把根茎挖出洗净，看准芽眼位置，用利刀以 10 厘米长一段切断，待切口干燥后另盆栽植即可。

问：怎样盆栽睡莲？

答：在每年的春分前后，用一个不漏水的花盆，先在其上放入肥泥一层，厚度约占盆深的 1/2，然后把带有芽眼的根茎平放在肥泥上，覆土盖住顶芽，加满水即可。

旋花科

牵牛

市场价位：★★★☆☆
栽培难度：★★★☆☆
光照指数：★★★★★
浇水指数：★★★★★
施肥指数：★★☆☆☆

高手秘诀

宜用沙质园土、粒状花泥或塘泥种植。每天浇水 1 次，每周灌 1 次稀释液肥。冬季往往是牵牛花开花结籽后的死亡期，此时要注意收集挂于植株上的种子，以备来年播种。阳光充足是种好牵牛的关键。

问：怎样用牵牛的种子播种繁殖？

答：先把种子用 50℃的温水浸泡 4 ～ 6 个小时，让种子的硬壳软化，便于小芽从种壳中伸出。播种后覆土约 1 厘米厚，保持土壤湿润。约 10 天后种子萌芽，待长出 2 片新叶时移植上盆。

问：如何从嫩茎颜色中知道牵牛的花色？

答：通常开白花的牵牛，其嫩茎呈翠青色，无红筋；而开紫花的植株嫩茎呈深紫色；开红色花者，其嫩茎为绿色，有红筋。

问：地栽牵牛应如何整形？

答：当主蔓长出7～8片叶时进行第1次摘心，仅留4片叶；待长出3条枝蔓后再进行第2次摘心；待其长出9条枝蔓后，把它们逐一固定于棚架上，让枝蔓绕缠着向上生长。

肉质花卉

莳养秘诀

夹竹桃科

沙漠玫瑰

市场价位：★★★☆☆

栽培难度：★★★☆☆

光照指数：★★★★★

浇水指数：★☆☆☆☆

施肥指数：★★☆☆☆

高手秘诀

用仙人球培养土或沙质土栽植较好，也可用粒状花泥或塘泥种植。喜高温干燥和阳光充足的环境。生长旺盛期内每周浇水 1 次，3 个月施 1 次固态复合肥。沙漠玫瑰怕冷，冬季温度要维持 10℃以上，并要减少浇水和暂停施肥，以利安全越冬。

问：沙漠玫瑰为何只长叶而不开花？

答：主要是光照不足所致。只要给予沙漠玫瑰全日照的环境，阳光充足，植株就容易开花。如果在平时多施些磷钾肥，有助于多开花和开大花。

问：沙漠玫瑰可用扦插法繁殖吗？

答：可以。在温暖季节挑选粗壮肉质茎，以5～10厘米长为一段切取插条，切口风干后将其插入沙床中即可。但插条长成的小苗无沙漠玫瑰特有的膨大根茎，观赏价值远不如种子长成的植株。

问：怎样防治沙漠玫瑰叶斑病？

答：原因是环境空气湿度太高。除加强通风和光照管理外，可用 50% 甲基硫菌灵可湿性粉剂 500 倍液喷洒病株，2 天喷 1 次，通常喷 3 次左右就可以制止叶斑病的蔓延。

景天科

长寿花

市场价位：★★☆☆☆

栽培难度：★★☆☆☆

光照指数：★★★★☆

浇水指数：★★☆☆☆

施肥指数：★★☆☆☆

高手秘诀

栽培用土可用沙质土或通用花卉培养土，以排水良好和疏松透气的基质为好。喜阳光，环境过阴时植株徒长不开花。每周浇水1~2次，施肥可用粒状复合肥，2个月撒1次。冬季温度维持5℃以上，有利于越冬。

问：怎样让长寿花全年开花？

答：长寿花正常的花期是每年12月到第二年的4月，4月过后便不再开花。若要整年有花可观赏，需要作特殊的处理。长寿花属于短日照植物，夜长昼短可促使长寿花花芽分化，因此用遮光的方式控制长寿花接受阳光照射的时间（每天维持连续14小时遮光），约经6周花芽即可长出来，此时停止遮光处理。如此处理便可以让长寿花全年有花。不过，长寿花对光非常敏感，遮光物品必须绝对不透光，否则起不了什么效果。

问：为何室内栽培的长寿花不开花？

答：长寿花不开花与环境过阴、日照时间过长有关。长寿花是短日照植物，只有每天日照少于12个小时，其花芽才会分化而开花。如果置于室内，电灯开的时间很长，人为延长了光照时间，自然就会抑制花芽分化。如果想让室内栽培的长寿花开花，除了选择光照充足的地方摆放外，晚上开灯时还要用一个不透光的纸盒将植株罩住，创造黑暗环境，白天揭开，用短日照刺激其花芽分化，这样就可使其开花。

景天科

白牡丹

市场价位：★★☆☆☆
栽培难度：★★☆☆☆
光照指数：★★★★☆
浇水指数：★☆☆☆☆
施肥指数：★★☆☆☆

高手秘诀

可用肥沃、疏松的沙质土或用泥炭混合珍珠岩作为盆土。白牡丹喜温暖、干燥和通风的环境。适应力强，喜光，耐旱，也稍耐寒、耐阴，忌烈日暴晒和盆土积水。全日照，生长期一定要充分见光，否则就会徒长。浇水须在盆土干透后再浇，夏季每个月浇水4~5次，冬季少浇水，让盆土偏干。生长期内约2个月施肥1次。生长适温15~30℃，冬季温度不可低于5℃。

问：如何用叶插法繁殖白牡丹？

答：将完整的成熟叶片平铺在湿润的沙土上，叶面朝上，叶背朝下，不覆土，放阴凉处。约10天后即从叶片基部长出小叶及新根，将根埋入泥土中即可。

问：白牡丹为何叶尖及叶缘会变成粉红色？

答：白牡丹叶尖和叶缘在强光且盆土干燥的情况下会出现淡淡的粉红色。秋冬季节昼夜温差较大时，叶片也会泛红。顺便说一下，生长环境条件不同，白牡丹的叶形和叶色也会略有不同。

问：白牡丹烂根怎么办？

答：水浇多了，白牡丹就可能烂根。一旦烂根，应立刻停止浇水，并把植株从盆中倒出，抖去盆土，剪除烂根，放于通风处晾1星期，然后用新土重栽。

景天科

玉串

市场价位：★★★☆☆

栽培难度：★★★☆☆

光照指数：★★★★★

浇水指数：★☆☆☆☆

施肥指数：★★☆☆☆

高手秘诀

可用肥沃、疏松的沙质土或用泥炭混合珍珠岩作为盆土。玉串生长适温为20~30℃，冬季低于5℃时休眠。春秋季节为生长期，须充分浇水，通常表土干了就浇，浇时要浇透。全日照，尽可能放在有阳光的地方。阳光充足，叶与叶之间的距离会变短，长得较为茂盛。若放在阳光不足的地方，叶片之间的距离会变长而徒长。生长期约2个月施肥1次。

高手支招

问：如何用叶插法繁殖玉串？

答：叶插前，将叶片从植株茎部取下，晾数天，待叶片基部伤口干了以后再扦插；否则，伤口遇到水后就很容易感染病菌而导致整个叶片腐烂。扦插时可将其插在排水良好的沙土中，平时保持沙土湿润即可。只要沙土不积水，叶片通常不会腐烂。一般2周后长出新根，待新芽从叶基部发出时即可上盆栽植。

问：玉串植株长得过长怎么办？

答：盆栽玉串如茎长得过长，会伸出盆外，伏在盆外地面上生长，且会生根，不利于观赏。因此，玉串最好悬挂栽培，也可用高脚花盆种植，让植株有一个伸展的空间，任其下垂。如茎实在太长，可把植株剪短，剪下的茎段可用于扦插繁殖。

百合科

芦荟

市场价位：★★☆☆☆
栽培难度：★★☆☆☆
光照指数：★★★★★
浇水指数：★☆☆☆☆
施肥指数：★☆☆☆☆

高手秘诀

种植用土宜用排水良好的沙质土或仙人球培养土。喜阳光，忌过湿，耐旱。每周浇水 1 次。光照充足时植株油润亮绿。每月施肥 1 次，把固态复合肥直接撒于盆面即可。冬季温度要维持在 3℃以上，并要暂停浇水、施肥，直至春暖时恢复正常管理。

高手支招

问：芦荟有何妙用？

答：芦荟是一种既可观赏又可药用的肉质植物，它的叶片肉质多汁，具有不怕阳光直射、耐旱和可吸收室内有毒化学物质的优点，即使数月不浇水亦无碍，是名副其实的“懒人花卉”。将其置于光照充足的窗台或阳台，闲暇之余浇少量水，每月撒上几粒固体复合肥就可以了。有人烧伤或烫伤时，可立刻摘下新鲜的芦荟叶，剥皮后将叶肉捣烂外敷伤处，有良效。如便秘，可将新鲜的芦荟叶榨汁加糖后饮用，也可直接生食叶片，通常每天 1 片，连续食用 3 ~ 4 天，就可缓解便秘之苦。芦荟对女士来说是一种良好的化妆品，用剥皮后的叶肉敷面，可去皱养颜。

问：盆栽芦荟为何不开花？

答：主要原因是放置地点过阴，也可能是所栽的芦荟植株还处于幼年期，远未达到开花年龄。要使成熟的芦荟开花，除给予充足的阳光外，多施磷钾肥也十分重要。

仙人掌科

象牙球

（金琥）

市场价位：★★★☆☆

栽培难度：★★★☆☆

光照指数：★★★★★

浇水指数：★☆☆☆☆

施肥指数：★★☆☆☆

高手秘诀

栽培用土可选用排水性良好的沙砾土，也可用仙人球培养土。置于光照充足处，每周浇水1次，3个月撒1次固态复合肥。冬季温度要维持10℃以上，并要暂停浇水和施肥。通风不良易滋生介壳虫。

问：为何象牙球的刺变黑？

答：象牙球的刺正常颜色为象牙色，花卉市场上也常见刺被人为喷成红、绿、黄色的“彩色金琥”。象牙球的刺变为黑色的主要原因是其放置环境过阴，空气污染严重，尘土黏附于刺上。解决方法：把象牙球移到阳光充足处，浇水时用水淋球体，把附于刺上的灰尘冲走。

问：象牙球可防辐射吗？

答：象牙球是原产美洲沙漠地带的肉质植物，它本身只有防止强烈紫外线辐射的能力，而对电脑开启后发出的电磁波辐射则没有效果。所谓在电脑桌上摆个象牙球可防辐射的说法是没有科学依据的。

问：室内放置的象牙球为什么会腐烂？

答：象牙球是一种喜阳光和耐旱的肉质植物，长期放置室内，常因阳光不足而出现球体失色发黑的现象。此时如果不及时将其移到光照充足的室外种植，象牙球球体的长势会越来越弱。如果平时浇水过勤过多，球体还会发生腐烂。因此，室内摆放，最好将其置于窗口阳光充足处，浇水不能过多，每周约1次，维持盆土稍湿或半干状，这样可延长象牙球在室内的摆放寿命。

仙人掌科

昙花

市场价位：★★☆☆☆
栽培难度：★★★☆☆
光照指数：★★★★★
浇水指数：★☆☆☆☆
施肥指数：★★☆☆☆

高手秘诀

栽培用土宜选沙壤土，如粒状花泥、塘泥，或仙人球培养土等。生长期内3天浇水1次，3个月施肥1次，在盆面撒些固态复合肥。冬季温度要维持在8℃以上，有霜雪地区要入室避寒。昙花花朵较重，对于已有花蕾的枝条要用竹枝扶持，以免倒伏。

高手支招

问：如何区分昙花与令箭荷花？

答：昙花的肉质节片边缘呈波状，质地柔软，边缘无刺；而令箭荷花的肉质节片较窄，质地较厚硬，边缘有圆锯齿，缺口处有刺。昙花的花白色、较大，而令箭荷花的花红色、较小。昙花晚上开花，令箭荷花则白天开花。

令箭荷花

问：怎样使昙花白天开花？

答：在正常状态下，盆栽昙花的开花时间在晚上9时左右。如果要让它白天开花，可以在天亮前把其放入一个黑房中，或罩在一个黑箱中（不能漏入一丝光线，否则会失败）。待其花朵在黑房或黑罩中徐徐打开时，把其移出，那么昙花就在白天开花了。

仙人掌科

蟹爪兰

市场价位：★★★☆☆
栽培难度：★★★☆☆
光照指数：★★★★☆
浇水指数：★★☆☆☆
施肥指数：★★☆☆☆

高手秘诀

可嫁接于霸王鞭上，也可用仙人球培养土种植。光照良好有利于开花，过阴不利于花芽分化而导致不开花。生长期内每周浇水1次，每月施1次固态复合肥。冬季应减少浇水和施肥。

高手支招

问：多层蟹爪兰怎样嫁接?

答：选择健壮的霸王鞭或仙人掌茎，用消毒后的刀片削去表皮。在其上切深2～3厘米的纵缝（要切到髓心木质）。然后把已削好的蟹爪兰接穗插入缝内，深至髓心。按事先已想好的图形，一层一层地嫁接，并用竹签或牙签固定插穗于缝隙中。嫁接完毕后，放于雨水淋不到的地方，每隔3～5天浇1次水。浇水时只浇于盆面的泥土上，切忌浇到接口上，以防腐烂而导致嫁接失败。1～2个月后，如嫁接的蟹爪兰长出新芽，说明已成功，此时可拔除用于固定的竹签或牙签，把其移到阳光充足和通风良好之处，按常规方法进行浇水、施肥。如果栽培得当，通常半年以后便会陆续开花。

问：为何蟹爪兰只长节片而不开花?

答：蟹爪兰是短日照植物，即每天光照时间不能超过10小时，晚上如被灯光照射，花芽就不会分化，从而不开花。此外，过阴和水肥过多也有碍开花。

问：为何蟹爪兰落花落蕾?

答：主要是盆土太干所致。因此，在花期要注意浇水，维持盆土湿润，这样可防止落花落蕾现象发生。